都市农业面源污染防控理论与实践

邹国元 张敬锁 安志装 翟丽梅 梁丽娜 等 著

U0395122

中国农业出版社

北 京

著 者 名 单

邹国元	张敬锁	安志装	翟丽梅	梁丽娜	刘宝存
谷佳林	郭树芳	孙钦平	周 洁	许俊香	孙焱鑫
魏书军	索琳娜	曹 兵	刘晓霞	刘 申	杨 波
马茂亭	李文艺	衣文平	廖上强	杨俊刚	宫亚军
李艳梅	陈金翠	李吉进	刘海明	石宝才	刘本生
张 琳	刘 琦	王建春	薛文涛	李钰飞	李顺江
徐淑波	王 磊				

前　言

　　农业面源污染又称为农业非点源污染，近年来受到越来越多的关注。这有其客观原因，一是点源污染治理力度在加大；二是农业面源污染研究相对少、现状数据缺失，导致大众对农业面源污染的贡献认识不一，不同行业、不同部门人员看法差异很大。北京作为首都，发展都市型现代农业，其种植业结构、化学品投入、集约化生产水平都具有特殊性，其面源污染特征及状况究竟如何？应该采取怎样的措施进行污染防治？这是需要引起注意的重要事项，它关乎北京农业发展的可持续问题，关乎北京蓝天、碧水、净土等环境问题，关乎北京市民食用农产品质量安全问题。

　　意识到以上问题的重要性，本书部分著者早于2001年就在北京延庆开始探讨农业面源污染的治理工作，当时得到了国家环境保护总局、北京市环境保护局的支持，建设北方地区农业面源污染防治示范区，重点实施面源污染控制监测与评价系统、环境友好型肥料应用示范、病虫害综合防治、农作物秸秆资源利用、畜禽养殖废弃物综合利用等工程，形成了一些初步的技术和管理方法，取得了较好的治理效果。囿于当时条件所限，很多工作未能在面源污染形成、归趋机制等方面开展系统的研究，对于其中的过程和影响缺乏系统认识。其后，著者又陆续承担了一些国家级的农业面源污染相关项目，部分实施地在延庆官厅水库、密云水库周边地区，在沿湖沿库地区农业面源污染形成机制及治理方面积累了一些经验。以上工作背景不断地激发著者团队要在北京地区系统开展都市农业面源污染防控的研究。

　　幸运的是，北京市科学技术委员会对此高度重视，2016 年立项支持了这个项目，项目的题目是"北京都市农业面源污染防控关键技术研究与科技示范"。根据前期多年的工作经验，项目团队（也是本书著者团队核心成员）认为，在北京开展都市农业面源污染研究，必须突破"水污染"导向的狭义面源污染概念，从而转向"水（地下水）、土、气、生（农产品）污染"导向的广义面源污染研究，更多地考虑北京区域气候特征和市民对环境、农产品的综合需求。历经 3 年研究，取得了一些成绩，在认识上、污染防治技术上都有了一些突破，著者认为及时对工作结果进行总结梳理很有必要，它应该可以为以后的研究和相关工作的开展提供有益的借鉴。

　　这本书较系统地阐述了北京都市农业面源污染防控研究中的一些亮点工作。一是构建了北京都市农业面源污染监测"一网（监测网）、一库（数据库）、一平台（预警平台）"；二是以果园、菜田为对象，针对肥多、药多、土壤残留、地下水及农产品污染等问题，构建源头科学减量—过程调控—末端资源化利用全程面源污染防控技术、产品与装备体系；三是以粮田为对象，针对小麦、玉米粮田冬季生态覆盖需求高、夏秋雨热同季、施肥粗放、肥药损失高及污染风险高等问题，开发生态覆盖技术、专用控释肥轻简高效一次施用技术、雨养玉米肥水错位管理技术。通过这些工作，著者团队对都市农业面源污染特征有了更准确的认识，对于污染防控的重点和措施选择有了更准确的把握。以上数据和技术在北京及周边农业区域得到了应用，监测系统正在并将不断地为北京地区农业面源污染防治提供数据支持。

　　全书共分五章，第一章主要介绍农业面源污染的研究现状与治理思路，第二章介绍了北京都市农业面源污染监测体系的构建与运行，第三章介绍了菜田果园面源污染综合防治技术体系的构建，第四章介绍了粮田面源污染综合防治技术体系的构建，第五章则针对性地总结了都市农业面源污染防控科技措施。五章之间互有联系，共同形成了一个整体，为全面认识和实施都市农业面源污染防治提供了一个"文本"，希望对读者有所帮助。

　　为了突出重点，让读者能获得一些"干货"，该书对核心内容进行了仔细筛选，择其要点汇总，尽量做到言简意赅，以方便读者阅读。由于著者水平有限，疏漏之处难免，望读者不吝赐教，以便改正。

著　者

2019 年 6 月 12 日

目 录

前言

第一章

农业面源污染现状与治理思路

第一节　农业面源污染形势与治理的必要性

所谓面源污染，是指污染物从非特定地点由分散污染源进入水层、湖泊、河岸、滨岸、大气等引起的生态系统污染。农业面源污染是指在农业生产活动中，由农药、化肥、废料、沉积物、致病菌等引起的污染，具有来源广、不确定性大等特点。

随着我国农业集约化、规模化程度的提高，农业生产对化肥、农药等的依赖性日渐增强，有机肥资源得不到充分利用，为了追求相对较高的经济效益，广大农户存在着过量用化肥、不合理用药的现象，超量的肥、药进入环境形成面源污染。作为农业大国，我国是世界第一大化肥生产国和使用国，与此同时，带来的后果是肥料利用率偏低和损失严重，污染风险加剧。据全国第一次污染源普查公报，我国农业面源污染物排放量对环境影响具有较大的贡献份额，其中化学需氧量、总氮、总磷排放分别占排放总量的 43.7%、57.2%、67.4%。淮河、海河、辽河和太湖、巢湖、滇池，诸多河、湖出现了污染现象。某种程度上，水污染也加剧了北京、天津、河北水资源紧张的局面。官厅水库自从污染严重之后，就退出了给北京供水的舞台，北京严重缺水时再也无法实现以前的密云、官厅二库联调了。农业面源污染对地表水和地下水等水体质量的影响，目前虽然还缺乏直接的相关数据，但无疑已经引起了方方面面的关注和争论。

环境污染引起了党和政府的高度关注，党的十八大报告将生态文明建设放到了突出的位置。2013 年，习近平总书记在十八届中共中央政治局第六次集体学习时强调：决不以牺牲环境为代价去换取一时的经济增长。2015 年，国务院通过了《全国农业可持续发展规划（2015—2030 年）》，提出实施农业农村环境治理重大工程，防治农田和养殖污染，加强森林、草原、湿地、河湖等保护，发展生态循环农业。农业部随即研究部署了打好农业面源污染防治攻坚战工作，强调要切实增强紧迫感和责任感，要把农业面源污染防治作为一项重要工作来抓、作为转变农业发展方式的重大举措和实现可持续发展的重要任务来实施，经过一段时期努力，使农业面源污染加剧的趋势得到有效遏制，确保实现"一控两减三基本"（严格控制农业用水总量，减少化肥、农药施用量，地膜、秸秆、畜禽粪便基本资源化利用）目标。要明确思路措施，通过推进农业清洁生产和标准化生产，发展现代生态循环农业、节水农业，加强农业面源污染综合防控示范区建设等途径推进防治工作。

农业面源污染的问题同样已经引起了人们的关注，环境安全、食品安全无时无刻地牵动着人们的神经。现在的社会资讯发达，信息传播快，新媒体上时时刻刻都在传播着形形色色的环境污染信息。农业面源污染治理有广泛的社会需求和基础，已经到了非做不可的地步。

治理农业面源污染，政府有要求，人们有需求，但仍然面临着诸多难题。首先，我国人多地少资源紧张，粮食生产安全压力大，土地复种指数高，必须依靠高投入高产出的方式来保障粮食安全供给，农业面源污染风险相对就高。西方发达国家耕地轮作休耕休养生息模式在我国农业生产实践实施空间小。其次，农业产业是比较效益相对较低的第一产业，污染治理的模式和成本必须考虑到实施主体的承受能力，否则再好的技术也难以推广应用。再次，农业面源污染有别于点源污染，由于其来源范围广、过程复杂、作用时间长、发生发展的不确定性大等特点，治理的难度也非工业等点源污染可比。最后，对于面源污染，我国的研究工作相对滞后，对于面源污染的关键过程、相对贡献、重点区域和环节认识还不到位，有效治理面临着技术障碍。我国农业当前正由家庭联产承包经营模式向适度规模经营方向发展，农业产业化龙头企业、农民合作社、家庭农场、专业种养大户等新型农业经营主体将逐渐成为主流，为农业面源污染治理技术的有效实施创造了一定的条件，但完成这一过程还需要相当长的时间。

西方发达国家在农业面源污染治理方面从20世纪60年代就已经开始，并取得明显成效。其成功的经验在于，对面源污染有充分的研究，形成了切实可行的技术体系，划定了重点实施区域，建立最佳管理策略，并制定了切实可行的配套政策。例如英国通过评价在全国确定了硝酸盐脆弱区，在这些脆弱区设置了禁止施肥的封闭期。

根据我国的国情，农业面源污染的防治必须在确保粮食安全的前提下开展，要充分发挥科技驱动作用和群众力量，动员社会资源做好全程全面防治。在科技上要做好支撑，查清来龙去脉，提供技术清单，辨析重点目标，分清轻重缓急，指导污染防治。在政策上要鼓励资源节约，推进环境友好，进行生态补偿，促进适度规模经营。其次，面源污染治理，前景是光明的，道路是曲折漫长的，需要上上下下、方方面面做出不懈的努力。只有全社会都行动起来，齐心协力，在可预见的未来，我们将每天沐浴蓝天白云，见证那"小河在美丽的村庄旁流淌，一片冬麦，（那个）一片高粱，十里（哟）荷塘，十里果香"。

第二节　农业面源污染防治技术体系构建研究

农业面源污染涉及范围广、复杂性强、监测难度大及易受自然因素影响等特点，使得单一防控措施很难达到理想效果，需要在政策监管、全程防控、科技支撑、舆论引导、公众参与等多方面进行配套，进行综合治理，才能取得良好的效果。国内外在这方面开展了多年的研究，形成了一些各具特色、有针对性的防控模式，也积累了一定的经验。

欧盟、美国、日本等国家和地区对农业面源污染研究较早，积累了经验和措施，取得了较好的效果。欧盟自 20 世纪 80 年代末以来，地表水体中硝态氮和磷超标现象严重，农业生态系统是主要污染来源。他们采取的主要防控措施：一是将农业环境保护措施引进共同农业政策，把对农民的直接补贴与环保标准挂钩，同时大幅度增加用于环保措施的资金，建立严格的农药和化肥登记制度；发展生态农业，成立专门的机构（农业与环境保护部）加强农业面源污染防治的监督和执行，各级政府部门委托地方农业科学院、地方农业协会等相应机构开展工作。二是推广环境友好型农业生产技术，如农田最佳养分管理、有机农业或综合农业管理模式、农业水土保持技术措施等，这些技术的主要优点是操作简单、很少或基本不增加农民的费用，使农民自愿使用；启动了一系列流域环境计划，制定和执行限定性农业生产技术标准，减少农田、畜禽养殖业和农村地区的氮、磷投入量，从源头加以控制。三是加大农业环境政策补贴力度。借此，农业面源污染得到了有效的控制。农药、化肥及畜禽废水等排污量显著减少。美国 1990 年面源污染约占总污染量的 2/3，其中农业面源污染占面源污染总量的 68%～83%。他们为此建立了系统的法律框架，实施由一系列标准与关键控制技术组成的最佳管理实践（BMPs）模式，推进操作简单、价格便宜、环境友好的替代技术和生物环境控制工程技术，推行农业生态环境补偿制度。据统计，美国农业面源污染面积减少了 65%。日本 20 世纪 60 年代，随着战后经济快速增长，污染物排放量急剧增加，农业生态环境不断恶化。于是他们实行硬件补贴、无息贷款及税收减免等优惠政策支持并进行配套立法，实施严格的环境标准，实施环保型农业发展模式，包括减少化学品投入，促进品种改良。农业环境及水源环境得到了极大的改善。

农业面源污染是全球农业环境科学的研究热点，也是我国面临的重大环境问题。习近平总书记明确指出"农业发展不仅要杜绝生态环境欠新账，而且要逐步还旧账，要打好农业面源污染治理攻坚战"。《国家中长期科学和技术发展规划纲要（2006—2020 年）》把农业面源污染控制和农田污染防治确定为重点研究领域。《全国农业可持续发展规划（2015—2030年）》将"保护耕地资源，防治耕地重金属污染""治理环境污染，改善农业农村环境"列为未来农业可持续发展的重点任务。中央1号文件连续多年都提到"控制农业面源污染"。近几年的政府工作报告也都明确提出加强农业面源污染治理的重大任务。

20世纪末我国对农业面源污染开始关注，并开展监测、防治等系列研究，国家科学技术部、农业部、地方政府相关委办局通过各种方式对这一领域给予立项支持。国内有多个团队先后开展系统研究，如中国农业科学院农业资源与农业区划研究所张维理团队开展地下水硝酸盐含量的调查研究和滇池面源污染防控研究（20世纪90年代后期）、任天志团队开展全国农田面源污染监测研究（2006年开始），北京市农林科学院刘宝存团队开展全国区域农业面源污染防控研究（2000年开始），中国科学院南京土壤研究所杨林章团队也较早开展了南方典型区域农业面源污染防控研究等。他们从不同层面揭示了农业面源污染的发生发展特点、提出了各具特色的解决农业面源污染的防控思路，为我国面源污染治理提供了科技支撑。

下面以北京市农林科学院刘宝存团队的工作为例，简要介绍一下2001年以来我国面源污染及其防控技术体系构建的研究历程。

北京作为首都，旨在发展都市型现代农业，有其特殊的资源环境特点，资源紧约束、环境压力大、区位定位条件高、政策配套和管理相对到位，面源污染防控需要在技术模式和管理方法上率先突破。2001年开始，北京市农林科学院在延庆开展测土配方施肥、新型肥料（缓释肥料）在玉米和果树上的试验工作。工作实践中，发现过量施肥对区域环境污染具有重要作用，成为官厅水库水质恶化的重要影响因素。当时，官厅水库每年都要接纳上游大量未经处理的工业和生活污水，以及来自延庆境内妫河两岸农田富含氮、磷的地表径流，导致水质严重下降，水质基本上常年处于超Ⅴ类，特别是总氮超标率为100%，属严重污染。1997年后官厅水库已不能作为城市生活饮用水源。基于此，北京市农林科学院在延庆正式实施控制农村面源污染示范工程，控制区面积达520 km²，占全县（区）面积的27%。重点实施了优化农业结构工程、环境友好型肥料应用示范工程、病虫害综合防治技术工程、农作物秸秆资源利用工程、畜禽养殖废弃物综合利用工程、农村村镇环境综合整治工程、面源污染控制监测与评价系统工程和生态环境治理工程"八大工程"。2002年7月8日，国家环境保护总局在正式批复立项时认为，在"十五"期间实施延庆有效控制农村面源污染示范工程，不仅对改善延庆及北京生态环境、防风固沙、恢复官厅水库饮用水源具有重要作用，而且对探索我国北方地区控制农村面源污染的技术和管理方法，确保北京环境质量都具有重要现实意义。

有了延庆面源污染治理的基础，自2005年开始，北京市农林科学院开始在更大范围进行研究，致力构建集环境监测与污染防控于一体的面源污染研究体系。由于地下水硝酸盐污染直接威胁人民生活和农产品质量安全，2005年至今，在农业部科技教育司的大力支持下，"华北地区大中城市郊区农业生产区域地下水硝酸盐监测与评价"项目在华北地区（北京、天津、河北、山东、河南、辽宁）集约化农区开展，主要进行地下水硝酸盐监测工作。通过对北方地下水硝酸盐的连续监测，阐明了区域地下水硝酸盐时空变化规律及自然、社会等影响因素，并创造性地建立起适用于该地区的地下水硝酸盐污染风险评价指标体系，完成了该区域地下水硝酸盐污染风险分区。同时，基于氮氧同位素方法，开展了地下水硝酸盐溯源分析，初步构建了"北方集约化农区农业环境监测分析系统"，为农区地下水污染防控可视化管理提供了网络平台，为面源污染防控提供了技术支撑。

在监测工作开展的背景下，农业面源污染防控技术研究逐步展开。"十一五"期间，北京市农林科学院牵头主持了国家科技支撑计划项目"沿湖地区农业面源污染防控与综合治理技术研究"，明确了"沿湖"的概念，确定了面源污染治理分区。通过3年实践，明确了密云水库、官厅水库、兴凯湖、白洋淀、南四湖、巢湖、太湖、鄱阳湖、丹江口水库、三峡水库、洞庭湖、滇池等12个沿湖库区域农业面源污染特征，探索形成了农田氮磷流失源头控制、过程阻断及农田残留污染物流失控制、养殖业污染减排和排泄物资源化利用等面源污染防控与治理关键技术体系和模式，为沿湖地区面源污染治理提供了基本思路和有效模式。"十二五"期间，北京市农林科学院延续承担了国家科技支撑计划项目"农业面源污染防控关键技术研究与示范"，明确了我国分区治理思路。通过5年实践，突破了种植业源氮磷精准减量污染负荷削减、畜禽养殖业污染减排防控、坡耕地农业面源污染阻控等共性关键技术，以及华北平原、南方平原、东北平原、南方丘陵山地等区域特色面源污染防控关键技术，集成了防控技术模式，建成了技术示范区，化学农药使用量减量增效效果显著，为华北平原、南方平原、东北平原和南方丘陵山地等区域特色农田面源污染防控提供了技术积累。北京市农林科学院组织构建团队将研究区域从北方地区逐步延伸到全国12个代表性湖库流域，而后扩大到我国粮食主产区，攻克了多项农业面源污染防控关键技术，建立了区域适用防控技术模式。他们发现种植业中的设施农业和集约化养殖业是面源污染高风险区。在此背景下，该团队又相继承担了"十三五"国家重点研发计划项目"京津冀设施农业面源和重金属污染防控技术示范""黄淮海集约化养殖面源和重金属污染防治技术示范"，立足我国北方面源污染现状，着力建立具有显著区域特点的氮磷流失、重金属和有毒有害物质污染综合防治与修复示范区，旨在形成京津冀设施农业面源与重金属污染综合防控技术体系，探索"边研究、边开发、边集成、边示范"研究模式，为打通科研"最后一公里"提供样板。

农业面源污染是个污染物长期累积的过程，有其特殊性和复杂性，不可能一朝一夕得到完全解决，需要长时期的不懈努力。解决这个问题，既需要农业相关部门发力、攻关，同时也需要有关部门和社会各界的共同努力和参与。不同于之前的"十一五""十二五"项目中把单个技术独立攻关作为核心目标，北京市农林科学院"十三五"期间承担的项目更注重各项技术的集成与推广，打造"三步走"全链条的防控体系，即"源头减量、过程阻控、末端治理"。通过示范基地的带动，集成基础研究成果和关键技术，建立可复制、可推广的区域面源和重金属污染防控技术体系，并进行大面积示范，为防控区域农业面源污染提供有效方案。

第三节　北京都市农业面源污染防控思路与技术探索

北京作为首都，具有其特有的区位及功能定位。近年来随着人口的增加和城市规模的扩大，在资源空间极为有限的情况下，北京市探索出了都市型现代农业发展的新路，构建了比较完善的都市型现代农业发展格局，以及支撑都市农业发展的服务体系。2014 年 9 月，北京市委、市政府发布《调结构、转方式、发展高效节水农业的意见》，其中强调了调粮、稳菜、保果，重点发展籽种田和旱作农业。近年来，北京市以建设"绿色北京"为契机，以生态农业和可持续发展为主线，在主要农作物秸秆综合利用、有机肥替代化肥、测土配方施肥、农药减施等方面都取得了较大的成效。但随着菜田、果园面积的增加，肥料和农药用量也随之上升，加之农业生产的高度集中及集约化操作，农业面源污染形势日趋严峻。菜田和果园年施肥量远高于粮田，化学农药用量也受到极大关注。在蔬菜生产、加工、运输和滞销过程中产生的叶、根、茎和果实等固体废弃物若不能被直接利用，容易造成资源浪费和环境污染等生态环境问题。据全国第一次污染源普查的北京市资料显示，北京市来自农业面源的化学需氧量、总氮污染物占有相当的比例，其中种植业总氮排放量占总量的38.16％。北京农业虽然体量小，但是安全责任大。如何在确保北京都市农业"应急保障、生态休闲、景观功能、科技示范"作用的同时，最大限度地降低农业面源污染风险，是摆在面前的突出问题。

北京农业面源污染防治工作应该怎么做？这里涉及对农业面源污染的理解和定位问题。前文已经介绍了农业面源污染的基本概念，对于这个概念的理解，通常强调了污染物的来源是面源的、非点源的，这是相对点源而言的，指的是无固定排放口的面源污染特征。而对污染物的去向，通常有狭义和广义两种理解，狭义的理解是指氮磷等污染物进入受纳水体而导致水体污染的过程，国内前期的很多工作都是基于这个内涵来开展的，广义的理解则是面源污染物对水、土、气、生物等环境的综合污染。北京作为京津冀区域的核心、黄淮海平原的重要组成部分，地表地下水资源缺乏，农业面源污染体现在对水体的污染上，但更直观、更快地反映在对周边水、土、气、生物环境的影响上。北京农业基于其生态功能定位，对环境质量的要求更高，所以极有必要从广义的角度去探讨北京都市农业面源污染特点及防控技术体系的构建，这是时代的需要，更是北京农业高质量转型发展的必然要求。

农业面源污染是环境问题和农产品产地安全问题中具有挑战性的难点问题。目前，由于土壤、水、农产品质量现状信息获取通道不畅，农田面源污染处于治理防控无据可依的现状。因此，构建都市农业面源污染防控技术体系，为区域农田面源污染防治提供预案和数据支撑，对农业面源污染防治工作的具体开展具有重要意义。

基于前期研究基础和团队建设经验，北京市科学技术委员会于2016年立项支持了"北京都市农业面源污染防控关键技术研究与科技示范"重大项目，由北京市农林科学院植物营养与资源研究所牵头实施，旨在搭建北京农业面源污染监测网，构建数据库，创建功能性动态预警平台，形成可复制、可推广的面源污染防控技术。项目通过"一网、一库、一平台"的建设，为区域农田面源污染防治提供预警和数据支撑；按照种植模式、肥水投入水平等不同条件，组装集成肥药精准利用、产品替代、流失阻控、污染修复等技术，形成菜田果园、粮田两大面源污染综合防治技术体系；形成可复制、可推广的面源污染防控技术标准规范，建设面源污染防控技术集成示范基地，以试验示范为核心，以推广辐射为手段，通过农业面源污染防控工作切实带动"减肥、减药"两减目标的实现。基于以上设计，该项目设三大研究内容，构建优化10项关键适用技术，并组装集成技术体系，通过院企合作，推进示范应用。本书要介绍的主要技术内容，即是主要来源于该项目的研究结果。

研究内容1：北京农田面源污染监测平台建设与技术集成应用

针对社会对生态安全、农产品安全的高度关注，基于土壤、水、农产品质量现状信息获取通道不畅，治理防控无据可依的现状，以京郊典型菜田、果园、粮田为对象，建立覆盖所有区县调查监测网络，构建定位监测点、调查点，监测内容涵盖土壤、水、农产品，包括氮、磷、农药及相关有机无机污染指标，构建数据库1个，建设预测预警模型系统平台1套。通过"一网、一库、一平台"的建设，为区域农田面源污染防治提供预案和数据支撑。

研究内容2：菜田果园面源污染综合防治技术研究与集成示范

针对果园、菜地施肥用药强度大，土壤、地表地下水及农产品污染风险高的问题，从农田环境污染全程控制角度出发，重点研究有机肥源磷素投入阈值控制、高效水溶肥料开发及精准利用、高氮磷残留土壤修复与利用、农田尾菜资源化全量利用、全程减药病虫综合防控、肥药一体化防控等技术，构建果园菜田源头科学减量—过程调控—末端资源化利用全程面源污染防控技术、产品与装备体系。开发水溶肥产品、尾菜处理机械设备、精准施肥用药装备，形成减肥减药节水技术规范，建设面源污染防控技术集成示范基地，实现节支增效、肥料减量、土壤氮磷残留减少、硝酸盐淋溶量减少的目的。

研究内容 3：粮田面源污染综合防治技术研究与集成示范

针对小麦-玉米粮田冬季生态覆盖需求高、夏秋雨热同季、施肥粗放、肥药损失高、污染风险高等现状，研究生态覆盖技术，开发专用控释肥轻简高效一次施用技术、雨养玉米肥水错位管理技术等，形成基于生态高效的新产品（控释肥）、技术规范（肥料高效替代、水肥资源高效利用）。建设粮田面源污染防控技术集成示范基地，实现节支增效、氮素损失降低的目的（图 1-1）。

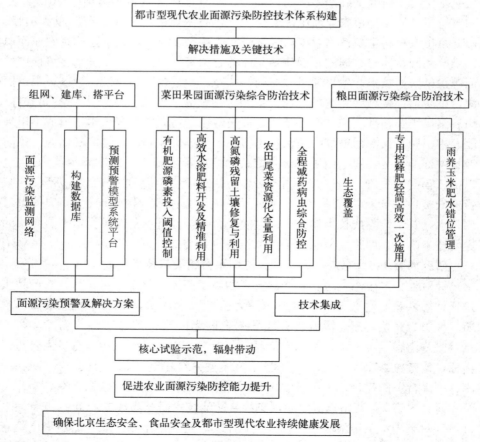

图 1-1 北京都市农业面源污染防控关键技术研究与科技示范技术路线图

该项目研究历时 3 年（2016—2018 年），涵盖北京市农林科学院植物营养与资源研究所、北京市农业环境监测站、中国农业科学院农业资源与区划所、北京市农林科学院植物保护与环境保护研究所、北京航天恒丰科技股份有限公司、北京富特来复合肥料有限公司等 8 家单位，力争在关键技术上实现突破，建立具有首都特色的农业面源污染物源头控制、过程阻截、消纳利用的集成技术体系，创新农业面源污染风险管理模式，开展菜田果园、粮田种植模式下农业面源污染防控技术集成示范，在支撑区域面源污染防治上发挥作用。

总结项目实施以来的经验，有几个体会值得总结和借鉴，也是本书力图呈现给读者的想法。一是该项目研究立足于国内前期相关工作的基本经验，力图在防控实效上下功夫，在农田面源污染关键领域开展研究。二是该项研究将区域内农田面源污染布点监测与污染防控技术研发同步实施、互为支撑，有助于推进技术的综合应用。三是该项目研究不同于以往只着重于关注受纳水体的狭义面源污染研究，而是将农田生产活动产生的污染物对水、土、气、农产品的影响都纳入了考虑范围，是广义的农田面源污染研究。四是该项研究领域和对象目标非常明确，确定防控重点领域为果蔬和粮食作物生产体系，重点污染物为氮、磷和农药，在监测和防控技术研究中均按照以上定位来统一部署和开展。在防控技术研究中，将设施蔬菜体系作为重点作物进行攻关，主要针对土壤磷的超量累积问题进行溯源和减量研究，提出"减＋替＋用"相结合的解决策略（减：减少施肥总量；替：有机肥替代化肥，切实把化肥和有机肥源的磷进行综合考虑，把化肥的磷投入降下来；用：重视土壤有效磷残留的再利用问题，把恒量监控、以磷为中心的测土施肥-面源污染防控体系构建起来）。小麦玉米体系作为北京农业重要组成部分，主要针对氮素淋溶问题进行减排研究，研究重点在玉米季，提出"减＋替＋改"相结合的解决策略（减：减少化肥氮施用总量；替：缓控释肥料替代速效氮肥；改：改多次施肥为一次性机械化施肥，改玉米常规栽培为宽窄行秸秆覆盖栽培等），此外对冬小麦季覆盖扬尘问题也给予了足够关注。针对农药污染，以设施蔬菜体系为重点开展，以解决土壤残留和农产品污染为目标，提出"减＋替＋改"相结合的病虫绿色防控技术体系（减：减少化学农药使用总量；替：用农艺措施、生防措施、土壤微生态调控措施替代常规的化学防治；改：改变蔬菜栽培方式，推进覆膜栽培、轮作间套措施的应用，减少病虫害发生概率）。

第二章

农田面源污染监测体系构建

点源污染和面源污染是导致水质恶化的两大因素，由于点源污染容易得到较好的控制和管理，相对而言，面源污染由于没有固定的污染源，控制和管理难度相对较大，其中农田面源污染是最为严重且分布最为广泛的面源污染。农业生产活动中的氮素和磷素等营养物、农药及其他有机或无机污染物，通过农田地表径流和农田渗漏形成地表和地下水环境污染。土壤中未被作物吸收或土壤固定的氮和磷通过人为或自然途径进入水体是引起水体污染的一个因素。

农田面源污染的形成是一个综合而复杂过程，存在着分散性和隐蔽性、随机性和不确定性、广泛性和不易准确监测的特点，容易导致农田面源污染处于治理防控无据可依的状况。因此，构建农田面源污染技术体系，为区域农田面源污染防治提供预案和数据支撑，对农田面源污染防治工作的具体开展具有重要意义。

通过"一网、一库、一平台"建设，构建农田面源污染技术体系。通过建立覆盖北京市农业区（县）的调查监测网络，准确把握本地区农田面源污染现状和变化趋势；通过构建农田面源污染时空动态数据库，为摸清农产品产地环境和产品质量提供数据支持；通过创建预测预警模型系统平台，为区域农田面源污染防治提供解决方案。

第一节　农田面源污染监测概述

农田面源污染具有隐蔽性、滞后性、分散性、不确定性等特点，其发生在很大程度上受到降水、地形、土地利用、农业生产方式等自然或人为因素的影响。长期以来，如何准确、定量地监测、评估农田面源污染一直是困扰广大科研工作者的难题，现存监测方法主要有两类，一是地表径流监测方法，二是地下淋溶监测方法。

1. 地表径流监测方法

主要有模拟降雨、插钎监测、农田排水监测、径流场、径流池等。模拟降雨缺点在于降雨覆盖面积受限且与自然降雨差异较大，无法阐述全年降水的长期影响；插钎监测设备安全性差，不能用于定量监测；农田排水监测无法确定来自农田的污染物量，取样难度大且取样时间要求严格，不适用于定量监测；径流场监测是找到多个相似场地作为平行监测，设备安全性差、易破损、清洗难度大；径流池法监测面积小，适用于各种地形的农田，可设置多个平行小区，平行监测结果准确性高，产流后样品收集方便且易清洗，适用于定量监测。

2. 地下淋溶监测方法

主要有室内模拟技术、土钻取样技术、吸杯监测技术、淋溶盘技术、渗滤池技术、田间渗滤池技术及其他技术。室内模拟技术制作模拟土柱对土壤扰度较大，与农田实际情况差异较大，不能作为定量分析；土钻取样技术对土壤扰动性大，样本随机性强，分析结果为取样状态下的瞬时值，不能作为定量分析方法；吸杯监测技术集水面积小且只有土壤水充足时才能收集到淋溶水；淋溶盘技术设备安装要求高，土壤结构复杂，水分侧向流，难以收集淋溶水；渗滤池技术设备安装难度大，工程量大，所种植的作物数量有限；田间渗滤池技术安装方便，有统一规范，可收集框体内全部淋溶液，适用于定量分析，不影响农田管理；其他技术需精密设备，技术实施难度高，应用性差。

第二节　种植模式分类

我国作物种类繁多，种植模式多样，按"全面覆盖、抓大放小、相似合并"的原则，根据地形、作物种类和种植制度等差异，全国主要种植模式分为54类。其中本书所涉及的覆盖北京地区的主要种植模式，分别为黄淮海半湿润平原-露地蔬菜、黄淮海半湿润平原-保护地、黄淮海半湿润平原-小麦玉米轮作、黄淮海半湿润平原-其他大田作物、黄淮海半湿润平原-园地和北方高原山地区-园地共6类。

第三节　农田面源污染情况调查

开展农田面源污染调查。重点针对种植业投入品（如肥料、农药、地膜）使用情况，垃圾场周边、交通线源污染、中水农用等情况，以及田间基本信息等开展农业面源污染调查，同时对农产品产地土壤环境中氮、磷等常规土壤环境质量指标进行监测，并通过收集历史产地环境质量相关的数据和资料等，了解农田面源污染情况。

（一）调查范围

选取北京房山、大兴、通州、顺义、昌平、延庆、平谷、怀柔和密云共 9 个农业区的菜田、园地、粮田等主要类型种植业农田进行农业面源污染调查，涉及平原保护地蔬菜、平原露地蔬菜、平原小麦玉米轮作、平原大田作物、平原园地和高原园地 6 种主要种植模式。

（二）调查内容

1. 投入品使用情况调查

以调查问卷形式对种植业化学氮肥、磷肥、不同来源有机肥料、除草剂、消毒药剂以及地膜等农业投入品的使用种类、施用量、施用方法、施用时期等进行详细调查。

2. 生产环境调查

通过收集产地环境质量相关历史数据和资料以及发放调查问卷，对种植业交通线源污染、中水农用和垃圾污染等情况开展风险调查，筛查确定种植业环境风险因子。

（三）检测项目

检测的主要对象为土壤中的农业面源污染源。检测指标包括：土壤 pH、有机质、全氮、全磷、全钾、硝态氮、铵态氮、有效磷、速效钾等。

（四）调查结果

1. 基本情况

对 2016 年北京市不同种植模式面积进行调查，9 个典型农业区中平原露地蔬菜 0.870 万 hm^2，平原保护地蔬菜 1.49 万 hm^2，平原小麦玉米轮作 1.57 万 hm^2，平原其他大田作物 3.47 万 hm^2，平原园地 5.56 万 hm^2，高原园地 11.09 万 hm^2。

调查点位中，18.4% 为全程机械化，39.3% 为半机械化，42.3% 为人工作业；1.1% 的点位为雨水灌溉，4.2% 为河水灌溉，94.7% 为井水灌溉；灌溉次数：甘薯 1～3 次，小麦 1～3 次，玉米 0～2 次，根茎、叶类蔬菜 3～13 次，瓜果类蔬菜 6～18 次，落叶果树 0～6 次。京郊农田采用机械化和人工作业相结合的方式进行种植；灌溉方式主要以地下水灌溉为主，瓜果类蔬菜的灌溉次数显著高于大田作物，果树灌溉次数最少。

2. 肥料施用现状

对北京地区不同种植模式下肥料施用现状调查，调查表明北京地区使用的化学肥料种类包含复合肥、尿素、磷酸二铵、硫酸钾等，有机肥一般为畜禽粪便有机肥和商品有机肥，畜禽粪便有机肥种类主要有鸡粪、牛粪、猪粪、羊粪等。

（1）保护地蔬菜肥料施用现状　对北京黄淮海半湿润平原保护地蔬菜种植

模式下作物肥料使用状况调查显示，化学肥料投入中氮素（N）年平均投入量为 262.7 kg/hm^2，磷素（P$_2$O$_5$）年平均投入量为 138.2 kg/hm^2，钾素（K$_2$O）年平均投入量为 160.7 kg/hm^2。

（2）露地蔬菜肥料施用现状　对北京黄淮海半湿润平原露地蔬菜种植模式下作物肥料使用状况调查显示，化学肥料投入中氮素年平均投入量为 201.8 kg/hm^2，磷素年平均投入量为 119.5 kg/hm^2，钾素年平均投入量为 125.0 kg/hm^2，氮素、磷素投入使用情况与保护地种植模式差异性不大。

（3）小麦玉米轮作肥料施用现状　对北京黄淮海半湿润平原小麦玉米轮作种植模式下作物肥料使用状况调查显示，主要以化学肥料为主，仅平谷地区辅以有机肥，化学肥料投入中氮素年平均投入量为 410.5 kg/hm^2，磷素年平均投入量为 190.9 kg/hm^2，钾素年平均投入量为 118.1 kg/hm^2，说明小麦玉米轮作主要以氮肥和磷肥为主。

（4）其他大田作物肥料施用现状　北京黄淮海半湿润平原其他大田种植作物主要是玉米，调查统计显示，化学肥料投入中氮素年平均投入量为 211.6 kg/hm^2，磷素年平均投入量为 94.0 kg/hm^2，钾素年平均投入量为 64.9 kg/hm^2。

（5）园地作物肥料施用现状　根据调查，北京地区园地肥料施用是以化学肥料与有机肥料结合使用，化学肥料投入中氮素年平均投入量为 185.7 kg/hm^2，磷素年平均投入量为 94.7 kg/hm^2，钾素年平均投入量为 179.3 kg/hm^2。

3. 土壤养分现状

北京市土壤有机质平均含量为 16.65 g/kg，全氮含量平均值为 1.86 g/kg，全磷含量平均值为 1.45 g/kg，全钾含量平均值为 21.73 g/kg，硝态氮、铵态氮含量平均值分别为 48.98 mg/kg、21.59 mg/kg，有效磷和速效钾含量平均值分别为 83.26 mg/kg 和 213.75 mg/kg，养分综合指数 60.5，属于中等肥力水平。耕地中，保护地土壤养分含量最高，粮田养分含量最低；耕地土壤养分含量大于园地土壤。

第四节　农田面源污染定位监测

开展农田面源污染监测。依据典型性、代表性、长期性和抗干扰性的原则，以农业种植区划和优势农产品区划为依据，在主要农作物种植区域选择典型种植制度和具有代表性地形地貌的农田，开展农田面源污染原位监测。通过设置试验小区，对污染物流失量及污染物种类、浓度等进行连续监测计算污染负荷，确定流失系数。

一、布点原则和数量

按照典型性、代表性、长期性和抗干扰性的选点原则，在北京房山、大兴、通州、昌平和平谷 5 个区布设 6 个农田面源污染监测点，其中包括 3 个地下淋溶监测点和 3 个地表径流监测点，涵盖露地蔬菜、保护地蔬菜、小麦玉米轮作和园地 4 种典型种植类型（表 2-1）。

表 2-1　农业面源污染长期定位监测点位布设

地点	种植模式	监测类型	数量
大兴青云店	露地蔬菜		1
昌平小汤山	保护地蔬菜	地下淋溶	1
房山周口店	小麦玉米轮作		1
大兴青云店	露地蔬菜		1
通州宋庄	小麦玉米轮作	地表径流	1
平谷大华山	园地		1
合　计			6

二、监测方法

地下淋溶监测点采用田间渗滤池法进行农业面源污染监测（图 2-1），地表径流监测点采用径流池法进行监测。各监测点设常规处理、主因子优化（减肥或节水）处理和综合优化（减肥＋节水）处理 3～4 个处理，3 次重复，共 9～12 个小区。小区一般为长方形，面积为 30～50 m²，小区规格一般为（6～9）m×（4～6）m，长宽比为 3∶2。

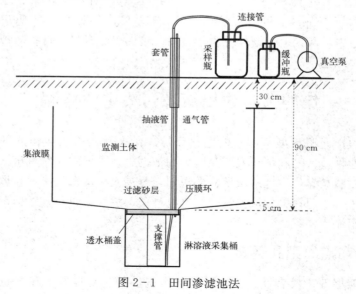

图 2-1　田间渗滤池法

　　小区排列按照随机的原则进行。大田生产条件下，地下淋溶试验小区排列可参考图文说明（图2-2），要确保在同行或同列上不出现相同的处理；保护地（如温室、大棚等）生产条件下，地下淋溶试验小区排列可参照图文说明（图2-3）；地表径流试验小区排列可参照图文说明（图2-4）。

　　农田面源污染监测点监测方法详见《农田面源污染监测技术规范》；各类样品的采集、保存均严格遵照国家标准或行业标准。

保护行			
保护行	常规对照	主因子优化	综合优化
	主因子优化	综合优化	常规对照
	综合优化	常规对照	主因子优化
保护行			

图2-2　大田生产条件下地下淋溶监测试验小区排列示意图

图2-3　保护地生产条件下地下淋溶监测试验小区排列示意图

保护行				
常规处理	主因子优化	综合优化	常规处理	主因子优化
径流地				
综合优化	常规处理	主因子优化	综合优化	
保护行				

图2-4　大田生产条件下地表径流监测试验小区排列示意图

三、田间记录

　　每个试验监测点配有一本田间记录本，通过田间记录本记录降水、灌溉和产流水量、次数、时间、施肥量、施肥时间、施肥种类、施肥方式，种植、移栽、收获时间，作物产量等田间农艺操作，保证数据的及时性、准确性，方便数据的查找、矫正和数据平台的填报。

四、监测内容

　　监测对象主要包括地表径流水、地下淋溶水、降水、灌溉水。监测项目为：地表径流（地下淋溶）水量、pH、总氮、硝态氮、铵态氮、总磷、溶解性总磷、全钾等。

五、计算方法

肥料养分施入量＝肥料施用量×(1－肥料含水量/100)×养分含量/100

作物养分吸收量＝产量×(1－含水量/100)×养分含量/100

养分流失量＝径流量/小区面积或监测单元面积×养分浓度×10

六、地下淋溶监测结果

（一）露地蔬菜地下淋溶监测结果

1. 试验点基本情况

本试验位于大兴区青云店镇西鲍辛庄村，地理坐标为北纬 39.957 92°，东经 116.679 02°，该地区年平均降水 556 mm。种植模式为黄淮海半湿润平原区-露地蔬菜，平地（≤5°），土壤类型为中壤。

供试作物：茄子，京茄 6 号；白菜，品种新 3 号。2017 年 4 月 18 日种植茄子，2017 年 8 月 9 日收获，2017 年 8 月 22 日种植白菜，2017 年 11 月 13 日收获，每小区 2 m² 测作物产量。

2. 处理设置方案

试验小区面积 35 m²，设置常规处理、减肥处理和减肥节水处理 3 个处理，3 次重复，共 9 个小区。

（1）茄子

常规处理：每亩 * 基施 600 kg 的有机肥（2.01－0.87－1.08，为肥料含 N、P_2O_5、K_2O 的比例）、60 kg 复合肥（18－9－18），①追施 30 kg 尿素（46－0－0），②追施 30 kg 尿素，③追施 30 kg 尿素，即 N＝64.3 kg，P_2O_5＝10.6 kg，K_2O＝17.3 kg；生长期内每个小区灌溉量为 7.5 m³。

减肥处理：每亩基施 600 kg 的有机肥、30 kg 复合肥，①追施 10 kg 尿素，②追施 15 kg 尿素，③追施 15 kg 尿素，即 N＝35.8 kg，P_2O_5＝8.7 kg，K_2O＝17.4 kg；灌溉水量与常规处理相同。

减肥节水处理：在减肥处理的基础上，灌溉水量为常规处理的 70%。

（2）白菜

常规处理：每亩基施 600 kg 的有机肥（2－1－2）、35 kg 复合肥（18－9－18），①追施 15 kg 尿素（46－0－0），②追施 20 kg 尿素，③追施 20 kg 尿素，即 N＝43.6 kg，P_2O_5＝9.15 kg，K_2O＝18.3 kg；生长期内每个小区

---

* 亩为非法定计量单位，1 亩＝1/15 hm²。——编者注

灌溉量为 7 m³。

减肥处理：每亩基施 600 kg 的有机肥、18 kg 复合肥，①追施 8 kg 尿素，②追施 10 kg 尿素，③追施 10 kg 尿素，即 N＝28.12 kg，P_2O_5＝7.62 kg，K_2O＝15.24 kg；灌溉水量与常规处理相同。

减肥节水处理：在减肥处理的基础上，灌溉水量为常规处理的 70%。

大兴监测点不同处理试验设置每亩施肥方案如表 2－2 所示。

表 2－2 大兴监测点不同处理试验设置每亩施肥方案

处理设置	折纯 N（kg）	折纯 P_2O_5（kg）	折纯 K_2O（kg）	灌溉
常规处理	107.8	20.55	41.1	常规灌溉
减肥处理	53.9	16.32	32.6	常规灌溉
减肥节水处理	53.9	16.32	32.6	为常规灌溉水量 70%

注：施肥量为亩折纯量。

3. 不同处理地下淋溶产流量分析

统计各次灌溉的产流量，计算出不同时期监测小区产流量，如表 2－3 所示。常规处理与减肥处理产流量差异不明显，分别为每个小区 4 249.6～4 586.0 L，减肥节水处理产流量为每个小区 2 676.5 L，低于常规处理与减肥处理。

表 2－3 大兴监测点每个小区产流量及产流比

单位：L

采样时间 （年-月-日）	常规处理	减肥处理	减肥节水处理
2017－04－19	700.00	680.56	476.39
2017－05－12	729.17	641.67	330.56
2017－06－10	486.11	437.50	218.75
2017－06－24	210.97	205.14	182.78
2017－08－24	593.06	593.06	272.22
2017－09－13	768.06	690.28	505.56
2017－10－01	534.72	544.44	427.78
2017－10－19	563.89	456.94	262.50
合计	4 586.0	4 249.6	2 676.5
产流比（%）	13.5	12.5	9.0

注：产流比＝产流量/（灌溉量＋降雨量）。

4. 不同处理地下淋溶氮素浓度分析

淋溶水中总氮、硝态氮浓度变化趋势基本一致，白菜生长期淋溶水中总氮、硝态氮浓度有明显上升趋势，详见图 2－5。

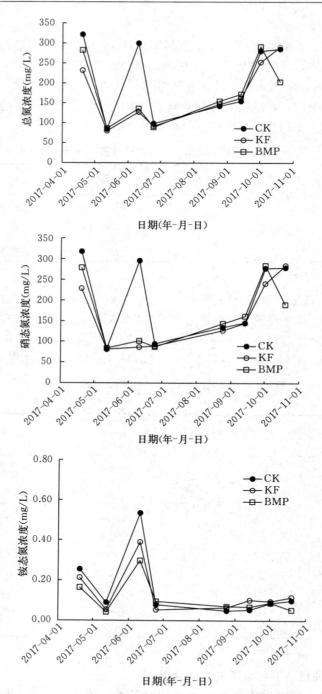

图 2-5　大兴监测点不同处理不同时期淋溶水中氮素浓度变化特征
注：CK 为常规处理，KF 为减肥处理，BMP 为减肥节水处理。

铵态氮的浓度随作物生长期施肥、浇水等农田措施基本无明显变化规律，除 2017 年 6 月 16 日铵态氮浓度大于 0.3 mg/L，监测年内其他日期，常规处理、减肥处理、减肥节水处理的铵态氮浓度处在 0.3 mg/L 以下。

5. 不同处理地下淋溶氮素流失量分析

图 2-6 为不同监测时期不同处理总氮流失量变化图。从图中可以看出，不同处理不同监测时期总氮单次流失量表现为较高，除 2017 年 5 月 12 日、2017 年 6 月 10 日、2017 年 6 月 24 日，其他监测日期总氮流失量均大于 20 kg/hm²。相对于常规处理，减肥处理、减肥节水处理能明显减少总氮的流失量，常规处理总氮累积流失量为 298.57 kg/hm²，减肥处理、减肥节水处理总氮累积流失量分别为 215.68 kg/hm²、147.86 kg/hm²，两者与常规处理相比总氮流失量减少 27.76%、50.4%，说明肥料投入过量时，节水灌溉是控制肥料流失最有效的措施。

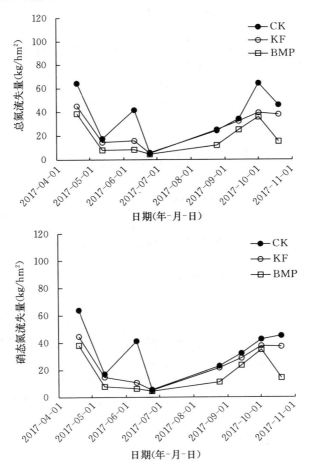

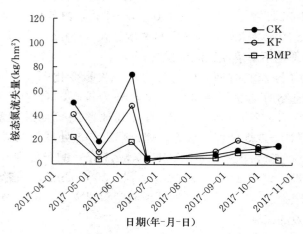

图 2-6　大兴监测点不同处理不同时期淋溶水中氮素流失量变化特征

从不同时期总氮流失量变化图中可以看出，作物生长各时期硝态氮与总氮的流失量变化规律基本一致，淋溶水中总氮流失量主要以硝态氮流失量为主。常规处理、减肥处理、减肥节水处理硝态氮流失量分别为 272.02 kg/hm²、201.72 kg/hm²、141.57 kg/hm²；减肥处理、减肥节水处理相比常规处理硝态氮流失量减少 25.84%、47.89%。

整个监测周期内，茄子生长期淋溶水中铵态氮流失量波动较大，白菜生长期铵态氮流失量较稳定，不同试验处理铵态氮流失量总量变化范围为 80.65～199.15 g/hm²。

6. 不同处理地下淋溶可溶性总磷浓度及流失量分析

茄子生长期不同试验处理不同时期可溶性总磷的浓度及流失量波动较大，白菜生长期不同试验处理不同时期可溶性总磷的浓度累积流失量低于 3 g/hm²，可溶性总磷累积流失总量在 44.30～48.32 g/hm²，详见图 2-7。

（二）保护地蔬菜地下淋溶监测结果

1. 试验点基本情况

本试验位于昌平区小汤山镇，地理坐标为北纬 40.196 19°，东经 116.154 48°，该地区年平均降水量 550.3 mm。种植模式为黄淮海半湿润平原区-保护地蔬菜，土壤类型为轻壤褐土。

供试作物：花椰菜，品种为苔松；番茄，品种为千禧。2016 年 11 月 4 日种植花椰菜，2017 年 4 月 2 日收获，2017 年 5 月 25 日种植番茄，2017 年 9 月 10 日收获，每小区 2 m² 测产量。

2. 处理设置方案

试验小区面积 32 m²，设置常规处理、减肥处理、节水处理、减肥节水处

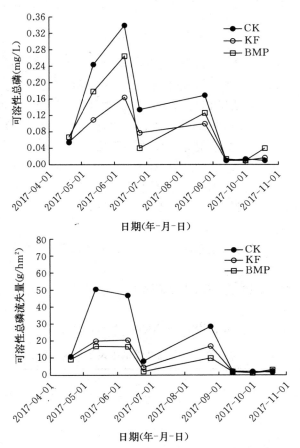

图 2-7 大兴监测点不同处理不同时期淋溶水中可溶性总磷浓度及流失量变化特征

理 4 个处理，3 次重复，共 12 个小区。

（1）花椰菜

常规处理：每亩基施 1 000 kg 有机肥（2.1-0.87-1.08）、20 kg 尿素（46-0-0），①追肥为 20 kg 尿素，②追肥为 20 kg 尿素，即 N＝48.6 kg，P_2O_5＝8.7 kg，K_2O＝10.8 kg；生长期内每个小区灌溉量为 8 m^3。

减肥处理：施肥量为常规施肥量的 70%，每亩基施 700 kg 有机肥、14 kg 尿素，①追肥为 14 kg 尿素，②追肥为 14 kg 尿素，即 N＝34.02 kg，P_2O_5＝6.09 kg，K_2O＝7.56 kg；漫灌。

节水处理：施肥不变，灌溉方式改为滴灌且水量为常规灌溉的 70%；每亩基施 1 000 kg 有机肥、20 kg 尿素，①追肥为 20 kg 尿素，②追肥为 20 kg 尿素，即 N＝48.6 kg，P_2O_5＝8.7 kg，K_2O＝10.8 kg；漫灌。

减肥节水处理：施肥量为常规施肥量的70%，灌溉方式改为滴灌且水量为常规灌溉的70%。

（2）番茄

常规处理：每亩基施 40 kg 复合肥（15-15-15）、80 kg 过磷酸钙（0-18-0），①追肥为 15 kg 圣诞树复合肥（19-8-27），②追肥为 15 kg 圣诞树复合肥（19-8-27），③追肥为 15 kg 圣诞树复合肥（19-8-27），即 N=14.55 kg，P_2O_5=24 kg，K_2O=18.15 kg；生长期内每个小区灌溉量为 10 m^3。

减肥处理：基肥不变，追肥量为常规追肥量的66.7%，每亩基施 40 kg 复合肥（15-15-15）、80 kg 过磷酸钙（0-18-0），①追肥为 10 kg 圣诞树复合肥（19-8-27），②追肥为 10 kg 圣诞树复合肥（19-8-27），③追肥为10 kg 圣诞树复合肥（19-8-27），即 N=11.7 kg，P_2O_5=22.8 kg，K_2O=14.1 kg；漫灌。

节水处理：施肥量与常规施肥相同，灌溉方式改为滴灌且水量为常规灌溉的70%。

减肥节水处理：施肥量与减肥处理相同，灌溉方式改为滴灌且水量为常规灌溉的70%。

昌平监测点不同处理试验设置每亩施肥方案如表 2-4 所示。

表 2-4　昌平监测点不同处理试验设置每亩施肥方案

处理设置	折纯 N（kg）	折纯 P_2O_5（kg）	折纯 K_2O（kg）	灌溉
常规处理	63.15	32.7	28.95	常规灌溉
减肥处理	45.72	28.89	21.66	常规灌溉
节水处理	63.15	32.7	28.95	为常规灌溉水量70%
减肥节水处理	45.72	28.89	21.66	为常规灌溉水量70%

3. 不同处理地下淋溶产流量分析

统计各次灌溉的产流量，计算出不同时期监测小区产流量，如表 2-5 所示。作物不同生长时期灌溉水量有所差异，常规处理与减肥处理产流量差异不明显，产流量为每个小区 2 640.9～2 655.3 L，节水处理与减肥节水处理产流量差异不明显，产流量为每个小区 1 683.7～1 736.4 L。

表 2-5　昌平监测点每个小区产流量

单位：L

采样时间 （年-月-日）	常规处理	减肥处理	节水处理	减肥节水处理
2016-11-14	693.3	685.3	432.0	373.3
2016-12-14	708.7	705.8	497.3	492.0

（续）

采样时间 （年-月-日）	常规处理	减肥处理	节水处理	减肥节水处理
2017-03-21	293.3	281.6	178.2	169.8
2017-05-22	640.0	632.4	485.7	495.5
2017-06-28	320.0	335.8	143.2	153.1
合计	2 655.3	2 640.9	1 736.4	1 683.7
产流比（%）	14.8	14.7	13.8	13.4

4. 不同处理地下淋溶氮素浓度分析

淋溶水中总氮、硝态氮浓度呈波动变化，不同时期节水处理总氮、硝态氮浓度均高于常规处理、减肥处理、减肥节水处理，说明节水处理会增加淋溶水中氮素浓度，结合常规处理氮素累积流失量最高，得出施肥和灌溉是决定氮素流失的两大主要因素，详情见图2-8。不同处理铵态氮的浓度变化随作物生长变化趋势基本一致，不同处理铵态氮的浓度相差不大。

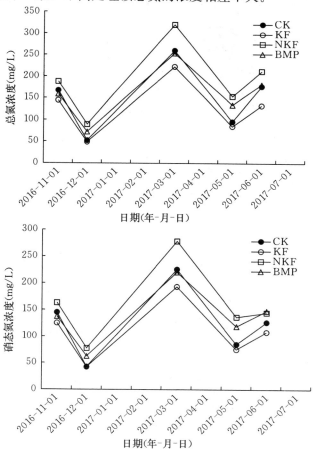

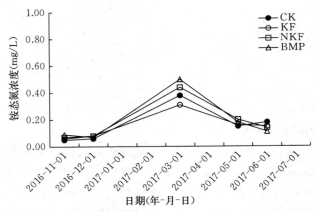

图 2-8　昌平监测点不同处理不同时期淋溶水中氮素浓度变化特征

注：CK 为常规处理，KF 为减肥处理，NKF 为节水处理，BMP 为减肥节水处理。

5. 不同处理地下淋溶氮素流失量分析

由图 2-9 不同时期不同处理总氮流失量可以看出，相对于常规处理，减肥处理、节肥处理和减肥节水处理能明显减少总氮的流失量。就不同施肥处理而言，各时期内常规处理总氮流失量通常都是最高的，累积流失量均值为 108.74 kg/hm²，减肥处理、节水处理、减肥节水处理总氮累积流失量分别为 92.12 kg/hm²、90.16 kg/hm²、72.63 kg/hm²，相比常规处理总氮累积流失量减少 15.28%、17.09%、33.21%，说明减少施肥能较好地降低总氮的流失，同时减少灌溉量能明显降低总氮的流失量。

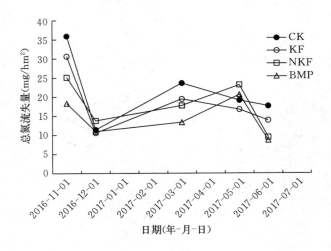

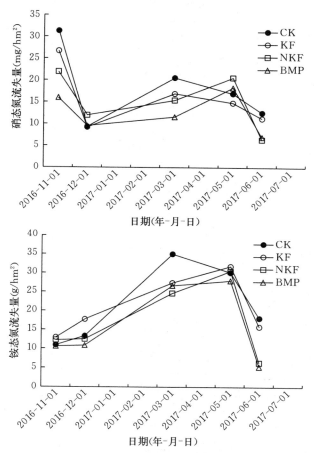

图 2-9 昌平监测点不同处理不同时期淋溶水中氮素流失量变化特征

从不同处理不同时期硝态氮流失量变化图中可以看出，作物生长各时期硝态氮与总氮的流失量变化规律基本一致，淋溶水中氮素主要以硝态氮为主。常规处理、减肥处理、节水处理、减肥节水处理硝态氮流失量分别为 91.21 kg/hm²、79.33 kg/hm²、76.72 kg/hm²、62.81 kg/hm²，相对于常规处理，减肥处理、节水处理、减肥节水处理硝态氮流失量减少 13.02%、15.89%、31.14%。

整个监测周期内，淋溶水中铵态氮的流失量随时间推移呈先增加后减少趋势，不同试验处理铵态氮流失量总量变化范围为 80.93~106.95 g/hm²，不同处理间流失量差异性较小。

6. 不同处理地下淋溶可溶性总磷浓度及流失量分析

受花椰菜基施有机肥的影响，可溶性总磷流失量及浓度先上升后下降，番茄生长期可溶性总磷基本处于稳定状态，不同试验处理间可溶性总磷的浓度及流失量基本相同，流失总量在 0.72～1.05 kg/hm²，详见图 2-10。

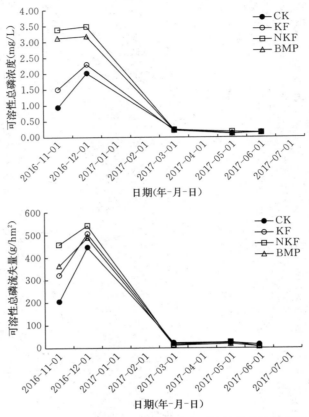

图 2-10　昌平监测点不同处理不同时期淋溶水中可溶性总磷浓度及流失量变化特征

（三）小麦玉米轮作地下淋溶监测结果

1. 试验点基本情况

本试验位于房山区周口店大韩继村北京市龙康种植业合作社园区内，地理坐标为北纬 39.626 85°，东经 116.143 97°，该地区年平均降水量 602.5 mm。种植模式为黄淮海半湿润平原区-小麦玉米轮作，平地（≤5°），土壤类型为轻壤褐土。

供试作物：小麦，品种为农大 211；玉米，品种为屯玉 808。2016 年 10 月 12 日种植小麦，2017 年 6 月 16 日收获，2017 年 6 月 20 日种植玉米，2017 年 10 月 16 日，每小区 2 m² 测作物产量。

2. 处理设置方案

试验小区面积 36 m²，设置常规处理、减肥处理和减肥节水处理 3 个处理，3 次重复，共 9 个小区。

（1）小麦

常规处理：每亩基施 13.043 kg 磷酸二铵（18-46-0）、12.287 kg 尿素（46-0-0）、6.667 kg 硫酸钾（0-0-50），追肥为 26.087 kg 尿素，即 N=20 kg，P_2O_5=6 kg，K_2O=3.33 kg；每个小区生长期灌溉量 10 m^3。

减肥处理：施氮量为常规施氮量的 70%，每亩基施 13.043 kg 磷酸二铵、7.070 kg 尿素、6.667 kg 硫酸钾，追肥为 18.261 kg 尿素，即 N=14 kg，P_2O_5=6 kg，K_2O=3.33 kg；灌溉水量与常规处理相同。

减肥节水处理：在减肥处理的基础上，灌溉水量为常规处理的 70%。

（2）玉米

常规处理：每亩基施 8.696 kg 磷酸二铵（18-46-0）、12.250 kg 尿素（46-0-0）、10.000 kg 硫酸钾（0-0-50），追肥为 23.478 kg 尿素，即 N=18 kg，P_2O_5=4 kg，K_2O=5 kg；生长期每个小区灌溉量 4 m^3。

减肥处理：施氮量为常规施氮量的 66.7%，每亩基施 8.696 kg 磷酸二铵、7.032 kg 尿素、10.000 kg 硫酸钾，追肥为 15.652 kg 尿素，即 N=12 kg，P_2O_5=4 kg，K_2O=5 kg；灌溉水量与常规处理相同。

减肥节水处理：在减肥处理的基础上，灌溉水量为常规处理的 70%。

房山监测点不同处理试验设置每亩施肥方案如表 2-6 所示。

表 2-6　房山监测点不同处理试验设置每亩施肥方案

处理设置	折纯 N（kg）	折纯 P_2O_5（kg）	折纯 K_2O（kg）	灌溉
常规处理	38	10	8.33	常规灌溉
减肥处理	26	10	8.33	常规灌溉
减肥节水处理	26	10	8.33	为常规灌溉水量 70%

3. 不同处理淋溶产流量分析

不同处理淋溶产流量如表 2-7 所示，常规处理、减肥处理、减肥节水处理累积产流量差异不明显，产流量范围为每个小区 4 024.0～4 427.0 L；小麦玉米轮作生长期内常规处理、减肥处理、减肥节水处理累积产流量占灌溉水与降水量之和的比例分别为 14.1%、14.2%、16.1%。减肥节水处理节水 30% 对累积产流量影响不大，是由于试验期间降水较多，节水量占降水和灌溉总量的比例较小造成的；不同时期内，产流总量与灌水总量、灌水频率以及小麦玉米生长发育等关系密切，通过合理控制灌溉量、灌水时期和频率，都可有效地降低淋溶产流量。

表 2-7 房山监测点不同处理试验每个小区产流量及产流比

单位：L

采样时间 （年-月-日）	常规处理	减肥处理	减肥节水处理
2016-11-25	790.0	770.0	620.0
2017-03-29	710.0	690.0	680.0
2017-06-16	670.0	760.0	680.0
2017-08-14	840.0	880.0	910.0
2017-08-29	570.0	530.0	570.0
2017-10-12	760.0	740.0	680.0
合计	4 340.0	4 370.0	4 140.0
产流比（%）	12.4	12.5	13.4

4. 不同处理地下淋溶氮素浓度分析

作物生长时期内淋溶水中总氮、硝态氮、铵态氮浓度变化比较明显，如图
2-11 所示。不同时期常规处理总氮、硝态氮、铵态氮浓度均高于减肥处理、
减肥节水处理，说明减肥处理、减肥节水处理能有效减少表层土壤氮素向深层
迁移，减缓表层盈余氮素对浅层地下水水质的污染。

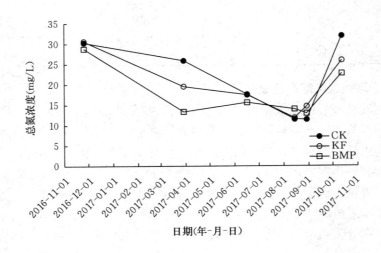

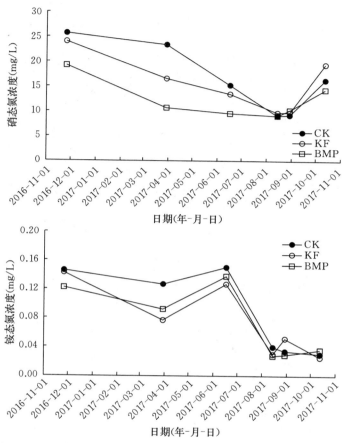

图 2－11　房山监测点不同处理不同时期淋溶水中氮素浓度变化特征

5. 不同处理地下淋溶氮素流失量分析

小麦玉米轮作生长期内不同处理淋溶水中氮素流失量变化如图 2－12 所示。不同试验处理下随着作物生长小麦生长期内总氮流失量减少，玉米生长期内总氮流失量增加，是由于小麦生长周期长且基肥占肥料投入量的比例较大，小麦幼苗期养分需求量少，导致小麦生长初期氮素流失量较高，玉米生长初期灌溉量少，氮素流失量较少。相对于常规处理，减肥处理、减肥节水处理能明显减少各时期总氮流失量。

小麦玉米轮作生长期内常规处理总氮累积流失量均值为 26.28 kg/hm²，减肥处理、减肥节水处理总氮累积流失量均值分别为 24.52 kg/hm²、20.64 kg/hm²，两者与常规处理相比总氮流失量分别减少 6.70%、21.46%。减少施肥能较好地降低总氮的流失，同时减少灌溉量有助于减少土壤剖面总氮流失。

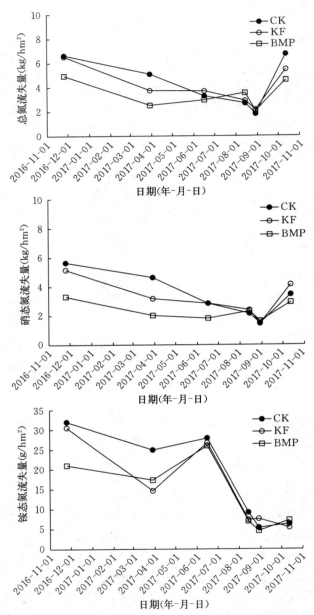

图 2-12　房山监测点不同处理不同时期淋溶水中氮素流失量变化

　　整个试验周期内不同处理硝态氮流失特征与总氮流失特征随时间推移变化规律基本一致，淋溶水中总氮流失以硝态氮流失为主。常规处理、减肥处理、减肥节水处理硝态氮累积流失量分别为 20.35 kg/hm²、19.30 kg/hm²、14.12 kg/hm²，相比常规处理，减肥处理、减肥节水处理硝态氮流失量减少 5.17%、32.27%。淋溶水中铵态氮的流失量表现为减少趋势且最后趋于稳定，不同试验处理铵态氮流失量总量变化范围为 0.083～0.106 kg/hm²，不同处理差异性较小，在氮素流失过程中基本可以忽略。

6. 不同处理地下淋溶可溶性总磷的浓度及流失量分析

小麦玉米轮作生长期内可溶性总磷浓度及流失量呈波动变化趋势，不同试验处理间可溶性总磷的浓度及流失量基本相同，流失总量变化范围为 0.08～0.11 kg/hm²。

七、地表径流监测结果

（一）露地蔬菜地表径流监测结果

1. 试验点基本情况

详见露地蔬菜地下淋溶监测结果中试验点基本情况。

2. 处理设置方案

详见露地蔬菜地下淋溶监测结果中处理设置方案。

3. 不同处理地表径流产流量分析

统计各次灌溉产生径流水量，计算出不同时期监测小区径流水产生总量，如表 2-8 所示。作物不同生长时期灌溉水量有所差异，常规处理与减肥处理径流水量差异不明显，径流水量为每个小区 144.0～167.7 L，减肥节水处理径流水量为每个小区 87.0 L。

表 2-8　大兴监测点每个小区产流量

单位：L

采样时间 （年-月-日）	常规处理	减肥处理	减肥节水处理
2017-04-19	30.00	30.00	16.00
2017-05-12	34.67	29.67	17.33
2017-06-10	19.33	18.67	13.00
2017-08-24	19.33	19.33	13.33
2017-09-13	32.00	23.00	16.00
2017-10-01	32.37	23.33	11.33
合计	167.7	144.0	87.0
产流比（%）	0.49	0.42	0.29

4. 不同处理地表径流氮素浓度分析

径流水中总氮、硝态氮浓度变化比较明显，不同时期常规处理总氮、硝态氮浓度均高于减肥处理、减肥节水处理，说明减肥处理、减肥节水处理能有效减少表层土壤氮素向深层迁移。茄子、白菜成熟期总氮、硝态氮浓度有明显上升趋势，作物成熟期营养生长基本完成，对追肥肥料吸收利用较少，致使肥料随灌溉流失，详情见图 2-13。

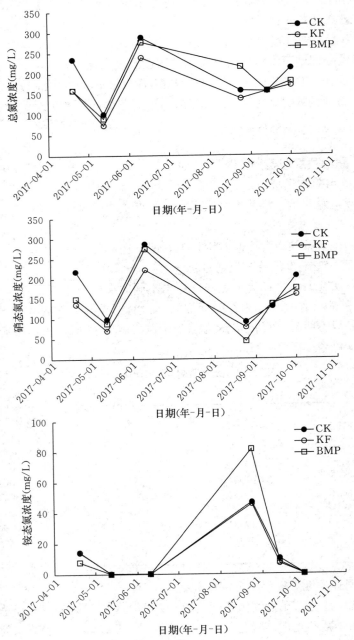

图 2-13 大兴监测点不同处理不同时期径流水中氮素浓度变化特征

注：CK 为常规处理，KF 为减肥处理，BMP 为减肥节水处理。

铵态氮的浓度随作物生长期施肥、浇水等农田措施基本无明显趋势规律，2017 年 8 月 14 日铵态氮浓度达监测年峰值，这可能是由于在白菜生长初期，在夏季高温条件下有机肥内的微生物新陈代谢旺盛促进了铵态氮的转化形成。常规处理、减肥处理、减肥节水处理相同监测时期铵态氮浓度基本相同。

5. 不同处理地表径流氮素流失量分析

由图 2-14 不同监测时期不同处理总氮流失量可以看出，相对于常规处理，减肥处理、减肥节水处理能明显减少总氮的流失量。就不同施肥处理而言，各时期内常规处理总氮流失量通常都是最高的，累积流失量均值为 8.92 kg/hm²，减肥处理、减肥节水处理总氮累积流失量均值分别为 6.21 kg/hm²、4.34 kg/hm²，两者与常规处理相比总氮流失量减少 30.38%、51.35%。这说明减少施肥能较好地降低总氮的流失，同时减少灌溉量总氮流失减少效果明显。

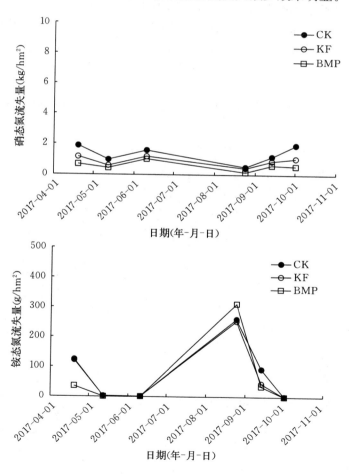

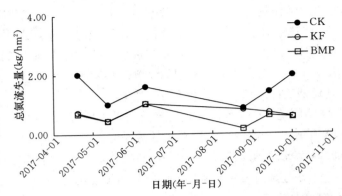

图 2-14　大兴监测点不同处理不同时期径流水中氮素流失量变化特征

从不同时期总氮流失量变化图中可以看出，作物生长各时期硝态氮与总氮的流失量变化规律基本一致，径流水中总氮流失量主要以硝态氮流失量为主。常规处理、减肥处理、减肥节水处理硝态氮流失量分别为 8.10 kg/hm²、5.36 kg/hm²、3.51 kg/hm²，减肥处理、减肥节水处理相比常规处理硝态氮流失量减少 33.84%、56.67%。

整个监测周期内，茄子—白菜生长初期径流水中铵态氮流失量较高可能与基施有机肥有关，不同试验处理铵态氮流失量总量变化范围为 0.387～0.487 kg/hm²，不同处理间铵态氮累积流失量差异性较小。

6. 不同处理地表径流可溶性总磷浓度及流失量分析

不同时期可溶性总磷的浓度及流失量在较小区间存在波动，不同试验处理间可溶性总磷的浓度及流失量基本相同，流失总量变化范围为 35.86～48.68 g/hm²，可溶性总磷流失量及浓度出现峰值时间与铵态氮时间相同，出现峰值原因基本一致，见图 2-15。

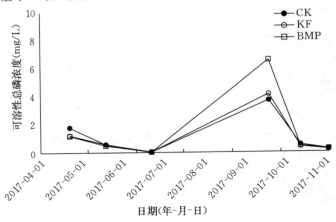

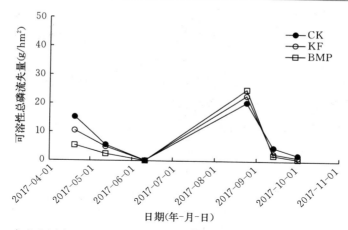

图 2-15 大兴监测点不同处理不同时期径流水中可溶性总磷浓度及流失量变化特征

（二）小麦玉米轮作地表径流监测结果

1. 试验点基本情况

本试验位于通州区宋庄镇双埠头村，地理坐标为北纬 39.958 23°，东经 116.679 09°，该地区年平均降水量 664 mm。种植模式为黄淮海半湿润平原区旱地-小麦玉米轮作，土壤类型为轻壤潮土。

供试作物：小麦，品种为农大 211；玉米，品种为京科 25。2016 年 10 月 12 日种植小麦，2017 年 6 月 16 日收获，2017 年 6 月 20 日种植玉米，2017 年 10 月 16 日收获，每小区 2 m² 测作物产量。

2. 处理设置方案

试验小区面积 40 m²，设置常规处理、减肥处理和减肥节水处理 3 个处理，3 次重复，共 9 个小区。

（1）小麦

常规处理：每亩基施 13.043 kg 磷酸二铵（18-46-0）、12.287 kg 尿素（46-0-0）、6.667 kg 硫酸钾（0-0-50），追施 26.087 kg 尿素，即 N＝20 kg，P_2O_5＝6 kg，K_2O＝3.33 kg；生长期内每个小区灌溉量 6 m³。

减肥处理：施氮量为常规施氮量的 70%，每亩基施 13.043 kg 磷酸二铵、7.070 kg 尿素、6.667 kg 硫酸钾，追施 18.261 kg 尿素，即 N＝14 kg，P_2O_5＝6 kg，K_2O＝3.33 kg；灌溉水量与常规处理相同。

减肥节水处理：在减肥处理的基础上，灌溉水量为常规处理的 70%。

（2）玉米

常规处理：每亩基施 8.696 kg 磷酸二铵、12.250 kg 尿素、10.000 kg 硫酸钾，追施 23.478 kg 尿素，即 N＝18 kg，P_2O_5＝4 kg，K_2O＝5 kg；生长期内每个小区灌溉量 2 m³。

减肥处理：施氮量为常规施氮量的 66.7%，每亩基施 8.696 kg 磷酸二铵、7.032 kg 尿素、10.000 kg 硫酸钾，追肥为 15.652 kg 尿素，即 N＝12 kg，P_2O_5＝4 kg，K_2O＝5 kg；灌溉水量与常规处理相同。

减肥节水处理：在减肥处理的基础上，灌溉水量为常规处理的 70%。

通州监测点不同处理试验设置每亩施肥方案如表 2-9 所示。

表 2-9　通州监测点不同处理试验设置施肥方案

处理设置	折纯 N（kg）	折纯 P_2O_5（kg）	折纯 K_2O（kg）	灌溉
常规处理	38	10	8.33	常规灌溉
减肥处理	26	10	8.33	常规灌溉
减肥节水处理	26	10	8.33	为常规灌溉水量 70%

3. 不同处理地表径流产流量分析

统计各次灌溉产生径流水量，计算出不同时期监测小区径流水产生总量，如表 2-10 所示。监测年内不同作物不同处理不同时期灌溉水量差异不大，累积径流水量为每个小区 753~780 L。

表 2-10　通州监测点每个小区产流量

单位：L

采样时间 （年-月-日）	常规处理	减肥处理	减肥节水处理
2017-03-22	180.0	185.0	176.0
2017-05-04	83.0	80.0	85.0
2017-06-14	120.0	118.0	131.0
2017-08-21	240.0	238.0	255.0
2017-09-16	132.0	132.0	133.0
合计	755.0	753.0	780.0
产流比（%）	2.19	2.18	2.43

4. 不同处理地表径流氮素浓度分析

径流水中总氮、硝态氮、铵态氮浓度随时间推移呈波动下降趋势，不同时期常规处理总氮、硝态氮、铵态氮浓度均高于减肥处理、减肥节水处理，说明减肥处理、减肥节水处理能有效地减少表层土壤氮素向深层迁移，详见图 2-16。

5. 不同处理地表径流氮素流失量分析

由图 2-17 不同监测时期不同处理总氮地表流失量可以看出，不同处理总氮流失量随时间推移有减少趋势，相对常规处理，减肥处理、减肥节水处理能明显减少总氮的流失量。就不同试验处理而言，各时期内常规处理总氮流失量通常都是最高的，监测年内累积流失量均值为 5.33 kg/hm²，减肥处理、减肥节水处理总氮累积流失量均值分别为 4.55 kg/hm²、4.01 kg/hm²，两者与常

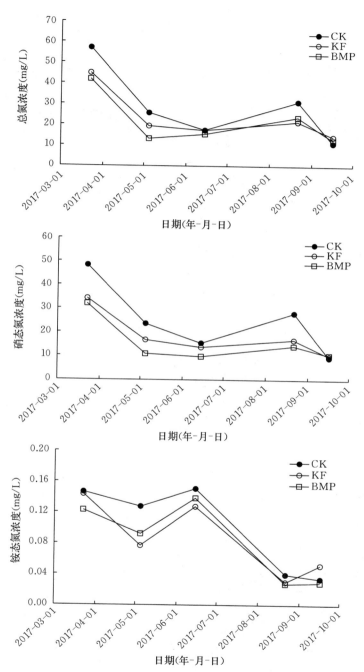

图 2-16　通州监测点不同处理不同时期径流水中氮素浓度变化特征

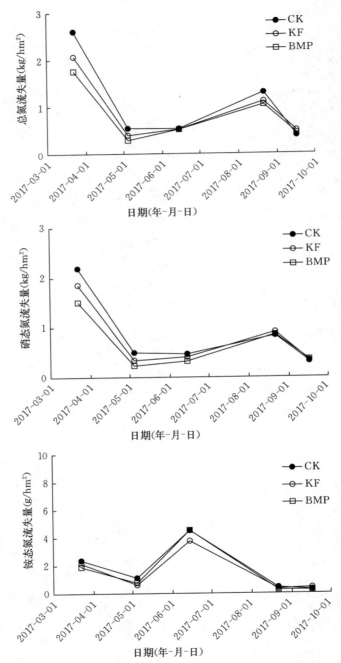

图 2-17　通州监测点不同处理不同时期径流水中氮素流失量变化特征

规处理相比总氮流失量减少 14.63％、24.77％，减少施肥能较好地降低总氮的流失，同时减肥节水处理减少总氮流失效果明显。

从不同时期总氮流失量变化图中可以看出，作物生长各时期硝态氮与总氮的流失量变化规律基本一致，径流水中硝态氮是氮素流失的主要形式。常规处理、减肥处理、减肥节水处理硝态氮累积流失量分别为 4.28 kg/hm²、3.82 kg/hm²、3.24 kg/hm²；减肥处理、减肥节水处理相比常规处理硝态氮流失量减少10.75％、27.30％。

整个监测周期内，径流水中铵态氮的流失量较少，不同试验处理铵态氮流失量相差不大，不同试验处理铵态氮累积流失量总量变化范围为 7.28～8.72 g/hm²，其在氮素流失中几乎可以忽略。

6. 不同处理地表径流可溶性总磷浓度及流失量分析

不同时期不同处理可溶性总磷流失量在一定区间波动变化，浓度随时间推移上升趋势明显（图 2-18）。不同试验处理间可溶性总磷的浓度及流失量基本相同，流失总量在 3.54～4.65 g/hm²。

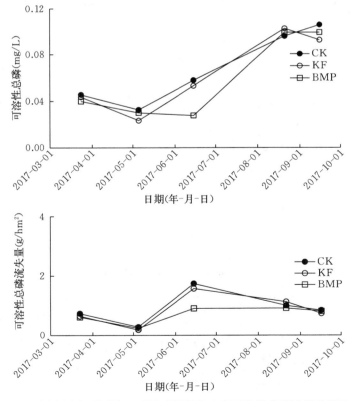

图 2-18 通州监测点不同处理不同时期径流水中可溶性总磷浓度及流失量变化

（三）园地地表径流监测结果

1. 试验点基本情况

本试验位于平谷区大华山镇大峪子村，该地区年平均降水量 629 mm。种植模式为北方高原山地区旱地-园地，缓坡地（5°～15°），土壤类型为潮土。

供试作物：桃子，2017 年 7 月 25 日收获。

2. 处理设置方案

试验小区面积 40 m²，设置常规处理、减肥处理和减肥节水处理 3 个处理，3 次重复，共 9 个小区。

常规处理：桃子每亩基施 1 000 kg 有机肥（2.1－0.87－1.08），①追肥为 40 kg 复合肥（17－17－17），②追肥为 40 kg 复合肥，③追肥为 40 kg 复合肥，即 N＝41.4 kg，P_2O_5＝29.1 kg，K_2O＝31.2 kg；灌溉方式为漫灌，生长期内每个小区灌溉量 8 m³。

减肥处理：施肥量为常规施肥量的 80%。即桃子每亩基施 800 kg 有机肥，①追肥为 32 kg 复合肥，②追肥为 32 kg 复合肥，③追肥为 32 kg 复合肥，即 N＝33.12 kg，P_2O_5＝23.28 kg，K_2O＝24.96 kg；灌溉方式为漫灌，灌溉水量与常规处理一样。

减肥节水处理：在减肥处理的基础上，灌溉水量为常规处理的 70%，灌溉方式为漫灌。

平谷监测点不同处理试验设置每亩施肥方案如表 2－11 所示。

表 2－11　平谷监测点不同处理试验设置施肥方案

处理设置	折纯 N（kg）	折纯 P_2O_5（kg）	折纯 K_2O（kg）	灌溉
常规处理	41.4	29.1	31.2	常规灌溉
减肥处理	33.12	23.28	24.96	常规灌溉
减肥节水处理	33.12	23.28	24.96	为常规灌溉水量 70%

3. 不同处理地表径流产流量分析

统计各次灌溉产生径流水量，计算出不同时期监测小区径流水产生总量，如表 2－12 所示。作物生长不同时期灌溉水量差异性不明显，常规处理与减肥处理、减肥节水处理径流水量差异不明显，径流水量每个小区为 103.0～112.2 L，每次浇水量比较合理，产生的径流量较少，径流水样收集主要来自降水。

表 2-12　平谷监测点每个小区产流量

单位：L

采样时间 （年-月-日）	常规处理	减肥处理	减肥节水处理
2017-03-15	38.3	37.4	32.6
2017-04-26	22.1	22.1	22.6
2017-05-15	30.2	29.6	28.4
2017-05-30	21.5	19.2	19.4
合计	112.2	108.4	103.0
产流比（％）	0.34	0.33	0.34

4. 不同处理氮素浓度分析

不同时期常规处理、减肥处理、减肥节水处理总氮、硝态氮浓度波动范围较小且浓度均低于 20 mg/L，铵态氮浓度低于 3 mg/L，详情见图 2-19。

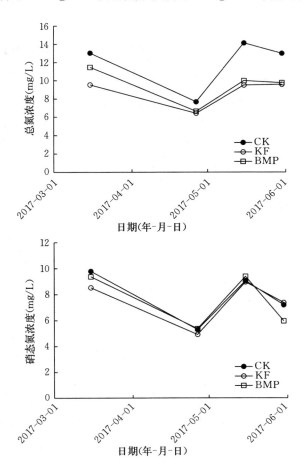

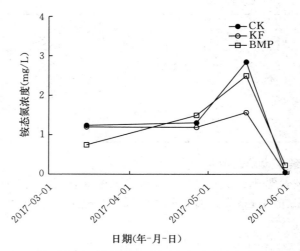

图 2-19　平谷监测点不同处理不同时期径流水中氮素浓度变化特征

5. 不同处理氮素流失量分析

由图 2-20 不同监测时期不同处理总氮流失量可以看出，相对于常规处理、减肥处理、减肥节水处理能明显减少总氮的流失量。就不同施肥处理而言，各时期内常规处理总氮流失量通常都是最高的，累积流失量均值为 0.35 kg/hm²，减肥处理、减肥节水处理总氮累积流失量均值分别为 0.24 kg/hm²、0.25 kg/hm²，两者与常规处理相比总氮流失量减少 31.43%、28.57%，减少施肥、节水灌溉对氮素流失影响较小。

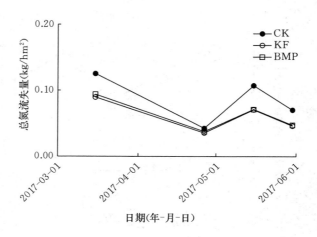

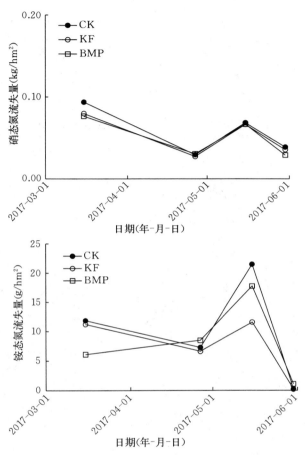

图 2-20 平谷监测点不同处理不同时期径流水中氮素流失量变化特征

从不同时期总氮流失量变化图中可以看出，作物生长各时期硝态氮与总氮的流失量变化规律基本一致，径流水中总氮流失量主要以硝态氮流失量为主。常规处理、减肥处理、减肥节水处理硝态氮流失量分别为 0.23 kg/hm²、0.20 kg/hm²、0.21 kg/hm²；减肥处理、减肥节水处理相比常规处理硝态氮流失量减少 13.04%、8.70%；桃子生长初期径流水中铵态氮流失量总量变化范围0.029～0.041 kg/hm²。灌溉量、施肥量对试验小区氮素径流流失量影响不大。

6. 不同处理地下淋溶可溶性总磷浓度及流失量分析

不同时期可溶性总磷的浓度及流失量在较小区间存在波动，不同试验处理间可溶性总磷的浓度及流失量基本相同，流失总量低于 10 g/hm²，见图2-21。

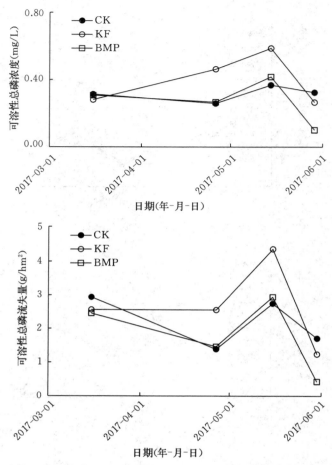

图 2-21 平谷监测点不同处理不同时期径流水中可溶性总磷浓度及流失量变化特征

八、不同种植模式流失情况对比

通过对北京市典型菜田、果园、粮田等主要种植模式面源污染监测得出，从不同监测方法分析，地下淋溶产流量大于地表径流，从不同种植模式产流量分析，保护地蔬菜＞露地蔬菜＞露地粮田＞园地。不同种植模式下常规处理总氮流失量分别为保护地蔬菜（淋溶）85.3～143.5 kg/hm²，露地蔬菜（淋溶）42.9～50.51 kg/hm²，小麦玉米轮作（淋溶）33.3～47.4 kg/hm²，露地蔬菜（径流）33.2～45.6 kg/hm²，小麦玉米轮作（径流）10.1～14.3 kg/hm²，果园（径流）0.32～0.41 kg/hm²。减肥处理能有效地减少径流/淋溶水中养分流失，同时配合节水灌溉，径流/淋溶水中养分流失减小效果明显。

径流/淋溶水中总氮的流失主要以硝态氮的形态流失，硝态氮的浓度及流失量变化特征与总氮基本一致，铵态氮浓度较低且流失量占总氮的流失量的比例较小，在氮素流失过程中基本可以忽略。可溶性总磷的浓度及流失量较小。

减肥处理、节水处理对设施蔬菜、露地蔬菜作物产量影响明显，对小麦玉米轮作、园地作物产量影响不明显；相同作物不同试验处理，单位质量作物烘干基氮、磷养分含量无明显差异，保障了农产品原有的质量品质，作物产量是影响试验小区作物对养分累积吸收量的主要因素。

常规处理土壤表层养分含量较减肥处理、节水处理、减肥节水处理含量高，说明节水、减肥处理能有效减少土壤表层养分含量，降低土壤表层氮磷流失潜在风险。

第五节　农田面源污染时空动态数据库

一、开发农田面源污染调查和监测数据采集系统

（一）农田面源污染调查数据采集系统

1. 录入功能

收集农田面源污染调查方案中的种植业源调查内容，对方案中的种植业源基本情况清查表、典型地块调查表等表格进行研究。收集农业面源污染调查方案中种植业源调查表格的指标勾稽关系，对方案中种植业源基本情况清查表、典型地块调查表等表格内的勾稽关系进行研究。

调研 B/S 架构（Browser/Server，浏览器/服务器模式）的农田面源污染调查数据采集系统，对数据采集系统中的权限登录、数据填报、数据校验、数据审核、数据上报、数据导出进行研究，并在此基础上进行 C/S 架构（Client/Server，客户/服务器模式）升级改造。

2. 审核功能

农田面源污染调查数据采集系统面向国控调查点，实现数据审核功能。设计北京市农田面源污染调查数据采集系统审核流程，包括超级管理员管理人员与权限、县级人员录入、市级人员审核的方式。

（二）农田面源污染监测数据采集系统

农田面源污染田间原位监测，采用田间试验方法，其目的就是监测不同生态类型区主要种植模式常规肥水管理条件下农田面源污染物（主要是氮和磷）流失发生规律，同时，测算不同农艺措施控制农田面源污染物流失的潜力。测算的内容为地表径流或地下淋溶发生规律、农田污染物（氮和磷）流失强度、形态特征、肥料中氮和磷养分的流失系数以及农田生态系统中氮和磷的迁移规律。

1. 录入功能

收集农田面源污染国控监测点实施方案，对方案中的表格进行研究。在现有 B/S 架构的农业面源污染国控监测网络数据平台的基础上，升级改造并二次开发成 C/S 架构的北京市农田面源污染监测数据采集系统，系统具有数据填报、数据校验、数据审核、数据上报、数据导出和县级数据汇总合并等功能。

2. 审核功能

北京市农业面源污染监测数据填报系统面向农田面源污染长期监测点，由一般监测点或重点监测点的责任单位负责数据录入，县级或市级负责数据的初级审核，北京市市级监测专家组负责数据的最终审核。

由于农田面源污染监测涉及肥料、土壤、植株、灌溉水、降水和产流水等多个对象，具有检测指标多样、数据来源多种等特征。因此，系统除从数据指标关系、数据指标数值等方面设计保障数据质量外，重点针对数据录入流程，设计县级或市级审核员、省级审核员以及国家审核员的三级数据审核制度。

针对北京市农田面源污染国控监测点特征，设计并开发 C/S 架构的北京市农田面源污染国控监测点数据采集系统。设计多条记录审核、多条记录上报等功能。

二、建立农田面源污染时空动态数据库

以县（区）域农田面源污染预测模型为依据，面向北京市农田土壤界面，筛选我国县域农田氮通量预测指标体系和磷通量预测指标体系，以调查信息系统和监测信息系统为主要数据来源，整合 2008 年、2010 年、2012 年、2014 年和 2016 年调查数据，全面采集相关文献数据集、统计数据集，建立北京市农业面源污染时空动态数据库，数据库包含调查数据库、监测数据库、文献数据库和统计数据库。

构建北京市农业面源污染调查数据库，数据库具有历史数据整合功能，入库 2008 年、2010 年、2012 年、2014 年和 2016 年调查数据。通过各区县面源污染全面清查、抽样调查，统计核算了北京市 2008—2016 年部分年份的主要种植模式面积、化肥和有机肥施肥量、氮磷排放量等。

系统核算北京市农田面源污染土壤界氮通量。北京市农田面源污染氮通量包括氮固持通量与氮损失通量。其中，氮固持过程中涉及种子带入通量、化肥施用通量、有机肥施用通量、生物固氮通量、大气降水通量、灌溉带入通量和秸秆还田通量；氮损失过程中涉及作物收获带出通量、地下淋溶流失通量、地表径流流失通量、氨挥发通量、氧化亚氮排放通量和秸秆移除通量。

系统核算北京市农田面源污染土壤界磷素通量。农田土壤界面磷通量预警指标体系包括磷固持过程与磷损失过程。其中，磷固持过程中涉及种子带入通量、化肥施用通量、有机肥施用通量、大气降水通量、灌溉带入通量和秸秆还田通量；磷损失过程中涉及作物收获带出通量、地表径流流失通量和秸秆移除通量。

（一）北京市农业肥料氮、磷施用动态

（1）行政区划农用地分布动态　2008—2016 年部分年份农用地（包括耕地和园地）种植模式面积分别为 33.34 万 hm²、32.52 万 hm²、25.58 万 hm²、21.47 万 hm² 和 22.61 万 hm²。

（2）行政区划肥料氮、磷施用总量动态　2008—2016 年部分年份化肥中氮肥用量分别为 7.79 万 t、7.86 万 t、6.72 万 t、5.5 万 t 和 5.1 万 t，磷肥用量分别为 3.66 万 t、3.61 万 t、3.5 万 t、3.01 万 t 和 2.82 万 t；有机肥中氮肥用量分别为 6.71 万 t、6.02 万 t、5.61 万 t、6.12 万 t 和 8.33 万 t，磷肥用量分别为 3.97 万 t、3.4 万 t、2.91 万 t、3.45 万 t 和 4.12 万 t。

（二）北京市农业面源污染氮、磷排放动态

2008—2016 年部分年份北京市农业面源污染总氮地表径流排放量分别为 1 831.9 t、1 717.13 t、2 794.32 t、821.8 t 和 871.02 t；总氮地下淋溶排放量分别为 6 412.26 t、6 454.88 t、5 638.22 t、5 251.85 t 和 6 241.94 t；总磷地表径流排放量分别为 367.26 t、342.55 t、287.55 t、255.73 t 和 260.54 t。

第六节　农田面源污染预警平台

一、县域农业面源污染预测模型研究

应用马尔科夫链思想，结合多元统计方法，应用全国农田面源污染氮、磷评估指标，基于农业面源污染调查数据和监测数据，分别建立黄淮海平原区、北方高原山地区的农田总氮地表径流预测模型、总磷地表径流预测模型和总氮地下淋溶预测模型。

以农业生态学氮、磷循环为理论依据，面向农田土壤界面，提出了我国县域农田氮通量预警指标体系和磷通量预警指标体系。

农田土壤界面氮通量预警指标体系包括氮固持过程与氮损失过程。其中，氮固持过程中涉及种子带入途径、化肥施用途径、有机肥施用途径、生物固氮途径、大气降水途径、灌溉带入途径和秸秆还田途径；氮损失过程中涉及作物收获带出途径、地下淋溶流失途径、地表径流流失途径、氨挥发途径、氧化亚氮排放途径和秸秆移除途径。

农田土壤界面磷通量预警指标体系包括磷固持过程与磷损失过程。其中，

磷固持过程中涉及种子带入途径、化肥施用途径、有机肥施用途径、大气降水途径、灌溉带入途径和秸秆还田途径；磷损失过程中涉及作物收获带出途径、地表径流流失途径和秸秆移除途径。

县域农业面源污染预测模型建立后，将采用多元统计分析方法进行农业面源污染物排放预测模型的率定。多元统计分析方法是以概率论、线性代数（或矩阵代数）和一元统计方法为基础，处理多维随机变量的统计特性的一类数学方法。它是数理统计学中近 30 多年来迅速发展的一个分支，应用非常广泛，特别是随着近代电子计算机的普及和大型计算机的面世，多元统计分析方法得到了迅猛发展，广泛应用于大型科研领域（如气象、地质、经济分析等）和尖端科学领域（如航天技术等）的研究。多元统计分析的目的是要在大规模的原始数据集中，快速地将重要信息提取出来，对系统的主要特征进行认识性的研究。主成分分析、对应分析、相关分析均属于描述性研究的范畴。这一类方法最显著的特征是它们均属于非模型化的研究方法。在对原始数据集合进行分析之前，人们对数据的性质、结构几乎一无所知。如果采用多个变量来刻画系统，则这些变量的地位是完全同等的，而没有自变量（解释变量）与因变量（被解释变量）之分。

在县域农业面源污染预测模型确定后，基于北京市农田面源污染时空动态数据库中的氮通量途径，分别构建北方高原山地区和黄淮海平原区等不同分区总氮地表径流预测模型和地下淋溶预测模型。基于北京市农田面源污染时空动态数据库中的磷通量途径，分别构建北方高原山地区和黄淮海平原区等不同分区总磷地表径流预测模型。

（一）地表径流总氮排放量预测方法

在一个农田面源污染地表径流排放发生分区内，基于县级区域的生物化学检测，获得第 N 年分区内各县的农田面源污染造成的地表径流总氮排放量（SB_N），及第 N 年和第 $N-x$ 年地表径流总氮影响因素量。

建立县域 N 年地表径流总氮与 $N-x$ 年地表径流总氮影响因素预测模型如下所示：

$$SB_N = a + b \times ZT + c \times FH + d \times FY + e \times NG + f \times SJ + g \times SG + h \times JT +$$

$$i \times ZS + j \times SX + k \times QH + l \times QP + m \times JY$$

式中，影响地表径流总氮排放量（SB_N）因素：种子带入途径（ZT）、化肥施用途径（FH）、有机肥施用途径（FY）、生物固氮途径（NG）、大气降水途径（SJ）、灌溉带入途径（SG）、秸秆还田途径（JT）、作物收获带出途径（ZS）、地下淋溶流失途径（SX）、氨挥发途径（QH）、氧化亚氮排放途径（QP）和秸秆移除途径（JY）；a 为常数项，b、c、d、e、f、g、h、i、j、k、l、

m 为回归系数；影响地表径流总氮排放量的氮排放量数据为第 $N-x$ 年的数据。

选择该农田面源污染发生分区内所有县级行政区划数据，代入所述数学模型中，用多元统计分析法求得 $a\sim m$ 的数值。再用求得的 $a\sim m$ 的数值，第 N 年的影响地表径流总氮排放量的氮排放量数据，求得第 $N+x$ 年的地表径流总氮排放量（SB_N）。

（二）地下淋溶总氮排放量预测方法

在一个农田面源污染地下淋溶排放发生分区内，基于县级区域的生物化学检测，获得第 N 年分区内各县的农田面源污染造成的地下淋溶总氮排放量（SX），及第 N 年和第 $N-x$ 年地下淋溶总氮影响因素量；

建立县域 N 年地下淋溶总氮与 $N-x$ 年地下淋溶总氮影响因素预测模型如下所示：

$$SX=a+b\times ZT+c\times FH+d\times FY+e\times NG+f\times SJ+g\times SG+h\times JT+$$
$$i\times ZS+j\times SB+k\times QH+l\times QP+m\times JY$$

式中，影响地下淋溶总氮排放量（SX）因素：种子带入途径（ZT）、化肥施用途径（FH）、有机肥施用途径（FY）、生物固氮途径（NG）、大气降水途径（SJ）、灌溉带入途径（SG）、秸秆还田途径（JT）、作物收获带出途径（ZS）、地表径流流失途径（SB）、氨挥发途径（QH）、氧化亚氮排放途径（QP）和秸秆移除途径（JY）；a 为常数项，b、c、d、e、f、g、h、i、j、k、l、m 为回归系数；影响地下淋溶总氮排放量的氮排放量数据为第 $N-x$ 年的数据。

选择该农田面源污染发生分区内所有县级行政区划数据，代入所述数学模型中，用多元统计分析法求得 $a\sim m$ 的数值。再用求得的 $a\sim m$ 的数值，第 N 年的影响地下淋溶总氮排放量的氮排放量数据，求得第 $N+x$ 年的地下淋溶总氮排放量（SX）。

（三）地表径流总磷排放量预测方法

在一个农田面源污染地表径流排放发生分区内，基于县级区域的生物化学检测，获得第 N 年分区内各县的农田面源污染造成的地表径流总磷排放量（SB_P），及第 N 年和第 $N-x$ 年地表径流总磷影响因素量。

建立县域 N 年地表径流总磷与 $N-x$ 年地表径流总磷影响因素预测模型如下所示：

$$SB_P=a+b\times ZT+c\times FH+d\times FY+e\times SJ+f\times SG+g\times JT+h\times ZS+$$
$$i\times SX+j\times JY$$

式中，影响地表径流总磷排放量（SB_P）因素：种子带入途径（ZT）、化肥施用途径（FH）、有机肥施用途径（FY）、大气降水途径（SJ）、灌溉带入途径（SG）、秸秆还田途径（JT）、作物收获带出途径（ZS）、地下淋溶流失途径（SX）和秸秆移除途径（JY）；a 为常数项，b、c、d、e、f、g、h、i、j 为回归系数；影响地表径流总磷排放量的磷排放量数据为第 $N-x$ 年的数据。

选择该农田面源污染发生分区内所有县级行政区划数据，代入所述数学模型中，用多元统计分析法求得 $a\sim m$ 的数值。再用求得的 $a\sim m$ 的数值，第 N 年的影响地表径流总磷排放量的氮排放量数据，求得第 $N+x$ 年的地表径流总磷排放量（SB_P）。

二、搭建北京市农业面源污染氮、磷风险预警平台

（一）北京市县域农田面源污染预警

基于北京市农业面源污染时空动态数据库，利用县域农业面源污染预测模型，预测了 2018 年农业面源污染排放量。据预测，2018 年度北京市农业面源污染总氮地表径流和地下淋溶排放总量分别为 520.21 t 和 8 169.78 t；总磷地表径流排放总量为 288.58 t。2018 年北京市农业面源污染调查区县氮、磷排放总量见表 2 - 13。

表 2 - 13　2018 年北京市农田面源污染调查区县氮磷排放总量

单位：t

区	地表径流		地下淋溶
	总氮	总磷	总氮
朝阳	1.6	1.2	40.32
丰台	3.17	2.6	85.66
海淀	8.05	6.03	202.76
门头沟	4.4	1.74	105.1
房山	56.33	23.9	620.94
通州	32.93	24.66	1 229.09
顺义	85.38	45.46	1 362.59
昌平	33.64	21.98	411.46
大兴	118.68	66.98	2 312.81
怀柔	35.68	20.1	316.89
平谷	40.2	24.1	615.97
密云	50.34	26.22	522.56
延庆	49.81	23.61	343.63

（二）北京市农业面源污染氮、磷减排潜力

基于北京市农业面源污染监测网，系统总结了监测网连续监测结果，筛选出了农业面源污染农艺最佳减排单项措施，获得了不同农业面源污染区域、不同种植模式的各项减排措施的减排效果，针对地表径流和地下淋溶的各类种植模式，集成并推广了农艺最佳农业面源污染减排技术体系。

1. 农业面源污染减排措施

（1）北方高原山地区农田面源污染减排措施 针对北方高原山地区-缓坡地-非梯田-园地种植模式，面向总氮地表径流污染，提出了保产控源技术＋秸秆拦截技术＋保护耕作技术；面向总磷地表径流污染，提出了保产控源技术＋秸秆拦截技术＋保护耕作技术。

针对北方高原山地区-缓坡地-梯田-园地种植模式，面向总氮地表径流污染，提出了保产控源技术＋秸秆拦截技术＋保护耕作技术；面向总磷地表径流污染，提出了保产控源技术＋秸秆拦截技术＋保护耕作技术。

针对北方高原山地区-陡坡地-非梯田-园地种植模式，面向总氮地表径流污染，提出了保产控源技术＋秸秆拦截技术＋保护耕作技术；面向总磷地表径流污染，提出了保产控源技术＋秸秆拦截技术＋保护耕作技术。

针对北方高原山地区-陡坡地-梯田-园地种植模式，面向总氮地表径流污染，提出了保产控源技术＋秸秆拦截技术；面向总磷地表径流污染，提出了保产控源技术＋秸秆拦截技术。

（2）黄淮海半湿润平原区农业面源污染减排措施 针对黄淮海半湿润平原区-旱地-露地蔬菜种植模式，面向总氮地表径流污染，提出了保产控源技术＋有机替代技术＋保护耕作技术；面向总磷地表径流污染，提出了保产控源技术＋保护耕作技术；面向总氮地下淋溶污染，提出了保产控源技术＋节水灌溉技术＋有机替代技术。

针对黄淮海半湿润平原区-旱地-保护地种植模式，面向总氮地下淋溶污染，提出了保产控源技术＋节水灌溉技术＋有机替代技术＋碳氮调控技术。

针对黄淮海半湿润平原区-旱地-大田作物一熟种植模式，面向总氮地表径流污染，提出了保产控源技术＋保护耕作技术；面向总磷地表径流污染，提出了保产控源技术＋保护耕作技术；面向总氮地下淋溶污染，提出了保产控源技术＋节水灌溉技术＋有机替代技术＋碳氮调控技术。

针对黄淮海半湿润平原区-旱地-大田作物两熟及以上种植模式，面向总氮地表径流污染，提出了保产控源技术＋秸秆增氮技术＋保护耕作技术；面向总磷地表径流污染，提出了保产控源技术＋保护耕作技术；面向总氮地下淋溶污染，提出了保产控源技术＋节水灌溉技术＋有机替代技术＋碳氮调控技术。

　　针对黄淮海半湿润平原区-旱地-园地种植模式，面向总氮地表径流污染，提出了保产控源技术＋保护耕作技术；面向总磷地表径流污染，提出了保产控源技术＋保护耕作技术；面向总氮地下淋溶污染，提出了保产控源技术＋节水灌溉技术＋有机替代技术。

2. 农田面源污染减排效果

　　（1）北方高原山地区农业面源污染减排效果　北方高原山地区-缓坡地-非梯田-园地种植模式总氮地表径流和地下淋溶减排措施减排效率分别为48.8%和0%，总磷地表径流减排措施减排效率为42.2%。

　　北方高原山地区-缓坡地-梯田-园地种植模式总氮地表径流和地下淋溶减排措施减排效率分别为45.6%和0%，总磷地表径流减排措施减排效率为38.59%。

　　北方高原山地区-陡坡地-非梯田-园地种植模式总氮地表径流和地下淋溶减排措施减排效率分别为48.8%和0%，总磷地表径流减排措施减排效率为42.2%。

　　北方高原山地区-陡坡地-梯田-园地种植模式总氮地表径流和地下淋溶减排措施减排效率分别为45.6%和0%，总磷地表径流减排措施减排效率为38.59%。

　　（2）黄淮海半湿润平原区农业面源污染减排效果　黄淮海半湿润平原区-旱地-露地蔬菜种植模式总氮地表径流和地下淋溶减排措施减排效率分别为49.6%和58%，总磷地表径流减排措施减排效率为40%。

　　黄淮海半湿润平原区-旱地-保护地种植模式总氮地表径流和地下淋溶减排措施减排效率分别为0%和64.56%，总磷地表径流减排措施减排效率为0%。

　　黄淮海半湿润平原区-旱地-大田作物一熟种植模式总氮地表径流和地下淋溶减排措施减排效率分别为32%和44.92%，总磷地表径流减排措施减排效率为32%。

　　黄淮海半湿润平原区-旱地-大田作物两熟及以上种植模式总氮地表径流和地下淋溶减排措施减排效率分别为33.76%和44.92%，总磷地表径流减排措施减排效率为28%。

　　黄淮海半湿润平原区-旱地-园地种植模式总氮地表径流和地下淋溶减排措施减排效率分别为32%和52.75%，总磷地表径流减排措施减排效率为40%。

第三章

菜田果园面源污染综合防治技术体系构建

蔬菜和果品生产是北京市主要农业种植制度，在北京都市型现代农业发展中发挥着应急保障、生态休闲和科技示范水平功能。在蔬菜和果树栽培中，普遍存在肥料用量大、土壤养分累积严重、肥效不佳、资源浪费、面源污染风险较高等问题。对海淀、昌平、顺义、通州、延庆 5 个区代表性农户施肥情况入户调查结果表明（杜连凤等，2009），菜田和果园年平均施肥量（折纯，N、P_2O_5、K_2O 总和）分别为 3 907.4 kg/hm² 和 2 771.6 kg/hm²，是粮田的 7.6 倍和 5.4 倍。其中，菜田和果园氮肥（N）平均用量分别为 1 741.0 kg/hm² 和 1 172.8 kg/hm²，是粮田氮肥用量的 4.5 倍和 3.0 倍。据北京大面积调查，北京地区温室条件下年平均叶类蔬菜施药 12～23 次，果菜 16～35 次，最多达 70 多次，农药使用量是发达国家的 2～4 倍。

蔬菜生产、加工、运输和滞销过程中产生的叶、根、茎和果实等固体废弃物不能被直接利用，大部分随意丢弃在城乡接合部，造成资源浪费和环境污染等众多生态问题。随着城市建设，蔬菜和果树水、肥、药使用不科学，农用化学品投入量极高，资源利用率低，导致地下水污染等难题，严重影响了北京市水环境质量与美丽乡村建设。

第一节 技术体系构建思路和基本要求

基于北京都市现代农业和美丽乡村建设中良好生态环境和市民对安全健康食品的需求，针对菜田果园氮、磷、农药大量不合理施用及废弃物堆弃导致的面源污染突出问题，重点研发投入品纳米碳水溶性、生物炭基等新型环保高效肥料品种及其配套施肥装备，研究制定基于设施蔬菜稳定生产环境友好的有机肥施用阈值标准，以期提高氮、磷利用效率，减少投入量，降低农田氮、磷高量累积。研发投入品新型抗病性微生物菌剂产品及其生产工艺，研究生产过程生物、物理、化学全程减药病虫综合防治技术，以期实现菜田果园病虫害绿色防控，减少化学农药用量，降低农田高量残留。研究生产过程高氮、磷积累菜田有机肥减量生物调控，以及浅根系和深根系蔬菜合理搭配间套作技术，以期提高土壤残留氮、磷利用效率，降低氮、磷淋失污染环境的风险。研发以叶菜类为主尾菜原位还田技术，以及农田、园林废弃物发酵生产有机肥工艺与产品，变废为宝，有效防止环境污染物质产生。集成氮、磷、农药面源污染防控技术，高氮、磷残留菜田土壤修复与利用技术，以及菜田果园废弃物资源化利用面源污染防控技术，制定技术规范，开展技术的示范推广应用（技术方案思路如图 3-1 所示）。

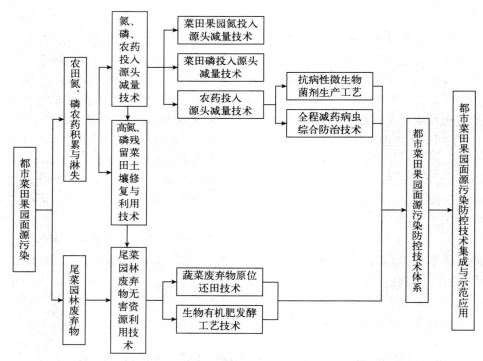

图 3-1　菜田果园面源污染综合防治技术体系构建思路

第二节　氮、磷、农药投入源头减量面源污染负荷削减技术

一、氮投入源头减量替代技术

减少化肥环境损失（淋溶，硝化与反硝化）和肥料养分供给与作物吸收需求一致，从"源头"控制农业面源污染，将成为环境和农业科学研究的新热

点。缓控释肥料及其延伸产品能明显地提高肥料利用率，大大降低施肥劳动强度，它是通过各种调控机制使其养分最初缓慢释放，延长作物对其有效养分吸收利用的有效期，使其养分按照设定的缓释率和释放期缓慢或控制释放的肥料。灌溉施肥一体化技术（水肥一体化）被公认为是当今世界上提高水肥资源利用率的最佳技术。本节以研发"基于比例施肥器的精准施肥装备""一种炭基脲醛肥料及其制备方法"和"一种生物炭基缓释氮肥及其制备方法"发明专利技术为核心，以北方代表性的蔬菜品种果菜（番茄）、叶菜（生菜）和果树品种（桃树）为对象，以水肥一体化、新型缓释肥料来调节营养生长和生殖生长水分、养分平衡供应为核心，开展氮素投入源头减量有效削减面源污染负荷技术研究。

（一）新型肥料在设施果菜（番茄）上应用及削减土壤氮素淋溶负荷作用

传统设施蔬菜灌溉和施肥采用粗放式管理，"大水大肥"现象严重，水肥成本较高，而且对环境的污染较大。针对果菜生长期长、需要养分数量大，且多次追肥的情况，分别在精准施肥设备替代常规施肥罐、基肥用缓释肥替代普通复合肥、追肥用新型液体肥料替代普通水溶肥料等方面开展研究，并针对设施蔬菜追肥强度大、易造成淋溶问题，在新型液体肥料中加入抑制剂，减少肥料的硝化和反硝化过程，有效减少养分损失，降低面源污染风险。

1. 材料与方法

基于比例施肥器的精准施肥装备（图 3-2）。比例施肥器参数：产品型号为 2510，流量范围为 $50\sim2\,500$ L/h，添加比例为 $3\%\sim10\%$，工作压力为 $0.2\sim8$ bar，注入流量为 $1.5\sim250$ L/h，接口尺寸为 3/4″外螺纹。功能特点：比例式注肥加药泵（又称定比稀释器）直接安装在供水管上，无须电力，而以水压作为工作的动力；"比例性"是保持恒定的精确剂量的关键，注入的溶液剂量与流进水管的水量成正比，外部调节比例，灵活方便；优良的抗紫外线辐射性能，精巧的结构，抗化学腐蚀的优质塑料材料制造；安装简单，操作方便。

大兴区长子营镇罗三基地，设计不施氮（CK）、炭基氮肥（B）、控释肥（C）、传统复合肥（T）4 个基肥处理，液体肥＋抑制剂＋比例施肥器滴灌（F1，节水灌水量模式）、传统固体水溶肥＋施肥罐滴灌（F2，传统灌水量模式）2 个水分控制模式处理。小区面积 18.2 m²（6.5 m×2.4 m）。CK 基肥不施氮，其他 3 个处理基肥氮用量为 100 kg/hm²（N）。节水灌水量模式追施氮肥为 127 kg/hm²（N），传统灌水量模式为 190 kg/hm²（N）。所有处理磷、钾肥用量均相同，分别为 150 kg/hm²（P_2O_5）和 300 kg/hm²（K_2O），磷肥 2/3 基施、1/3 追肥，钾肥 1/3 基施、2/3 追肥。基肥除控释肥外均采用撒施翻耕，

图 3-2　基于比例施肥器的精准施肥装备

控释肥采用根层局部施肥法，即在翻耕后起垄前撒在移栽的畦面上。追肥采用水肥一体化滴灌施肥，不同水分采用水表控制用水数量。节水灌水量模式用水量为 183 mm，传统灌水量模式用水量为 381 mm。番茄育苗移栽高畦栽培，畦上两行交错定植，株距 30 cm、行距 40 cm，留 4 穗果打顶。取小区中间长势均匀的 12 株固定采收，记录小区产量。

　　于番茄第一、第二、第三穗果膨大期取 0～30 cm 土层土样，拉秧后，每 30 cm 分 6 层取 0～180 cm 土层土样，充分混匀后取 20 g 放入铝盒中，105 ℃ 下烘干测定土壤水分，0.01 mol/L CaCl$_2$ 浸提过滤，流动分析仪测定土壤无机氮（硝态氮和铵态氮）含量。

　　数据整理分析采用 Excel 2007 和 SPSS 17.0 统计分析软件。

2. 结果分析

　　（1）产量、氮肥效应与灌溉效率　与传统灌水量模式相比，节水灌水量模式可以节氮 33%，节水 50%，番茄产量无显著差异（表 3-1）。氮肥偏生产力提高 42%，灌溉水生产效率提高 125%。水氮资源投入大幅降低的情况下，生产效率显著提高，果实产量没有出现下降。

　　不同肥料处理之间，控释肥处理和传统复合肥处理具有较高的产量和灌溉水生产效率，氮肥偏生产力无显著性差异。而炭基氮肥处理偏生产力、灌溉水效率和产量有下降的趋势。

表3-1　不同处理番茄果实产量及氮肥偏生产力、灌溉水生产效率

因素	处理	产量（t/hm²）	氮肥偏生产力 [kg/(kg·hm²)]	灌溉水生产力 [kg/(mm·hm²)]
F1	CK	73.5b	579	402
	B	76.5ab	337	418
	C	83.7a	369	457
	T	82.8ab	365	452
F2	CK	65.5b	345	172
	B	74.6ab	257	196
	C	77.2a	266	203
	T	74.9ab	258	196
灌溉水（W）	F1	79.1a	392a	432a
	F2	73.1a	276b	192b
施氮（N）	CK	69.5b	439a	247b
	B	75.5ab	292b	268ab
	C	80.4a	311b	285a
	T	78.8a	305b	280a

注：小写英文字母表示不同处理间差异显著（$P<0.05$），下同。

（2）土壤硝态氮分布状况　番茄收获后土壤剖面硝态氮含量表明（图3-3），传统灌水量模式下土壤剖面硝态氮含量显著增加，尤其是下层硝态氮增幅较大。与传统灌水量模式（图3-3b）相比，节水灌水量模式（图3-3a）下土壤剖面硝态氮含量平均降低24%。不同氮肥处理相比，炭基氮肥、控释肥处理土壤硝态氮含量呈显著性下降，降幅为30%～32%，习惯施肥降幅较小。

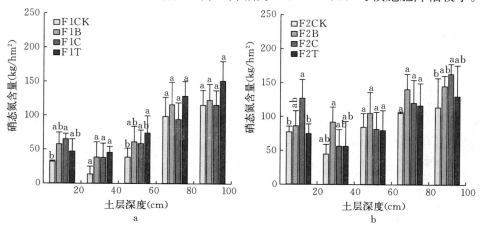

图3-3　灌水和施肥处理下番茄收获时0～100 cm土壤剖面硝态氮分层分布
a. 节水灌水量　b. 传统灌水量

综上所述，与传统灌水量模式相比，控释肥处理氮肥投入量减少 33％与灌水量减少 50％交互作用下番茄产量增产 15.6％，土壤剖面硝态氮含量降低 24％；与传统复合肥处理相比，控释肥处理硝态氮含量降低 17％，其他氮肥处理下甚至呈升高的趋势。

（二）新型肥料在设施叶菜（生菜）上应用及削减土壤氮素淋溶负荷作用

利用新型碳基肥料缓释性能，采用优化养分配比，减少氮肥投入，从而降低设施菜地氮淋失面源污染风险。

1. 材料与方法

北京房山韩村河农业科技开发中心，设计清水对照（CK）、常规施肥、纳米碳水溶肥（固体）、纳米碳水溶肥（液体）、纳米碳水溶肥（固体）90％、纳米碳水溶肥（液体）90％ 6 个处理（表 3-2），配施氮、磷、钾比例如表 3-3 所示。每个处理重复 3 次。小区面积 30 m²，随机区组排列。SPAD 叶绿素仪测定小区 10 株圆生菜叶绿素含量。收获后测定植株生物量与全氮、全磷和全钾含量，以及游离氨基酸、维生素 C、硝酸盐、可溶性糖、可溶性蛋白等品质指标。测定0～20 cm土壤样品有机质、全氮、有效磷、速效钾和硝态氮含量、pH、土壤电导率。

采用 SPSS 20 中的 DUNCAN 多重比较法对数据进行单因素方差分析。

表 3-2　纳米碳水溶肥施肥方案

处理	类别	肥料及用量				
		尿素 (kg/hm²)	纳米碳尿素 (kg/hm²)	水溶肥 (kg/hm²)	磷酸二铵 (kg/hm²)	硫酸钾 (kg/hm²)
CK（清水对照）	基肥	0	0	0	0	0
常规施肥＋清水		60	0	0	225	105
纳米碳水溶肥（固体）		60	0	0	225	105
纳米碳水溶肥（液体）		60	0	0	225	105
纳米碳水溶肥（固体）90％		60	0	0	225	105
纳米碳水溶肥（液体）90％		60	0	0	225	105
CK（清水对照）	一次追肥	0	0	0	0	0
常规施肥＋清水		90	0	0	0	75
纳米碳水溶肥（固体）		0	0	157.5	0	0
纳米碳水溶肥（液体）		0	0	225	0	0
纳米碳水溶肥（固体）90％		0	0	141.75	0	0
纳米碳水溶肥（液体）90％		0	0	202.5	0	0

表 3-3 纳米碳水溶肥处理氮、磷、钾及配比

处理	肥料含量比例	N (kg/hm^2)	P_2O_5 (kg/hm^2)	K_2O (kg/hm^2)	总量 (kg/hm^2)
CK（清水对照）	不施肥	0	0	0	
常规施肥＋清水	1：1.1：0.9	105	108	90	303
纳米碳水溶肥（固体）	1：1.1：0.9	117.2	130.1	62	309.2
纳米碳水溶肥（液体）	1：1.1：0.9	117.6	132.8	59.3	309.6
纳米碳水溶肥（固体）90％	1：1.1：0.9	105.4	117	55.8	278.2
纳米碳水溶肥（液体）90％	1：1.1：0.9	105.8	119.5	53.3	278.6

2. 结果与分析

（1）对圆生菜生物学产量的影响 纳米碳水溶肥处理下圆生菜生物学产量呈显著性差异（表 3-4）。与不施肥对照相比，常规施肥没有显著性差异。与常规施肥相比，液体纳米碳水溶肥增产最高为 22.23％，减量 10％的固体纳米碳水溶肥增产 19.06％，减量 10％液体纳米碳水溶肥和固体纳米水溶肥处理增幅分别为 12.71％和 12.18％。

表 3-4 纳米碳水溶肥处理对圆生菜生物学产量的影响

处理	产量（kg/hm^2）	增产率（％）	与常规施肥比增产率（％）
对照	71 205		
常规施肥	73 530	3.27	
纳米碳水溶肥（固体）	82 485	15.84	12.18
纳米碳水溶肥（液体）	89 880	26.22	22.23
纳米碳水溶肥（固体）90％	87 540	22.95	19.06
纳米碳水溶肥（液体）90％	82 875	16.39	12.71

（2）对圆生菜生物学性状的影响 不同纳米碳水溶肥处理下圆生菜不同生物学性状呈现不同的差异（表 3-5）。从单株鲜重来看，与常规施肥相比，固体和液体纳米碳水溶肥处理呈显著性增加，增幅为 36.76％，二者之间没有显著性差异，减量 10％的固体和液体纳米碳水溶肥处理没有显著性差异。从可食部分生菜球鲜重来看，固体和液体纳米碳以及减量 10％液体纳米碳水溶肥处理呈显著性增加，增幅分别为 52.85％、50.81％和 50.20％，三者之间差异不显著；减量 10％固体纳米碳水溶肥处理差异不显著。从根鲜重来看，四个纳米碳水溶肥处理增幅都达显著性水平，固体、液体和减量 10％固体、液体纳米碳水溶肥增幅分别为 73.81％、78.23％、78.77％和 100.43％，

四者之间差异不显著。从叶绿素含量来看，四个纳米碳水溶肥处理略有增加，但差异不显著。从净菜率来看，对照为68.20%，常规施肥为72.30%；固体、液体纳米碳和减量10%液体纳米碳水溶肥处理增幅分别为10.79%、10.37%和20.19%，呈显著性增加，提高了圆生菜商品产出率。以上结果说明，与常规施肥处理相比，纳米碳水溶肥有增加圆生菜产量和提高商品率的作用。

表3-5　纳米碳水溶肥处理对圆生菜生物学性状的影响

处理	单株鲜重（kg）	球鲜重（kg）	根鲜重（g）	叶绿素（SPAD值）	净菜率（%）
对照	0.72a	0.491a	7.63a	28.7a	68.2
常规施肥	0.68a	0.492a	9.28a	28.6a	72.3
纳米碳水溶肥（固体）	0.93b	0.752c	16.13b	30.9ab	80.1
纳米碳水溶肥（液体）	0.93b	0.742bc	16.54b	34.5ab	79.8
纳米碳水溶肥（固体）90%	0.82ab	0.612ab	16.59b	35.3b	74.6
纳米碳水溶肥（液体）90%	0.85ab	0.739bc	18.60b	30.4ab	86.9

（3）对圆生菜品质的影响　从不同纳米碳水溶肥处理对圆生菜品质指标影响来看，不同指标呈不同的变化规律（表3-6）。维生素C是蔬菜品质的一个重要指标，液体纳米碳水溶肥处理与对照不施肥相比没有显著性差异，与常规施肥相比提高30.7%，达到显著性差异；也显著高于固体和减量10%固体与液体纳米碳水溶肥处理，三者处理都显著低于对照处理。从圆生菜硝酸盐含量来看，常规施肥处理硝酸盐含量最高为2 142 mg/kg，固体和液体纳米碳水溶肥处理较常规施肥处理降幅分别为12.9%和8.4%，减量10%固体和液体纳

表3-6　纳米碳水溶肥处理对圆生菜品质的影响

编号	维生素C（mg/kg）	硝酸盐含量（mg/kg）	游离氨基酸（mg/kg）	可溶糖（%）	可溶蛋白（mg/kg）
CK（清水对照）	102.83b	1 716c	161.7a	2.716a	1.376a
常规施肥	76.42a	2 142e	225ab	2.725a	1.535a
纳米碳水溶肥（固体）	63.15a	1 865c	293b	3.451b	1.058a
纳米碳水溶肥（液体）	99.86b	1 963cd	125.9a	3.088ab	1.386a
纳米碳水溶肥（固体）90%	73.01a	1 541b	111.3a	3.098ab	1.068a
纳米碳水溶肥（液体）90%	63.5a	1 355a	150a	3.117ab	0.965a

米碳水溶肥处理降幅分别为28.1%和36.7%，减量处理显著低于正常用量处理。从氨基酸含量来看，固体纳米碳水溶肥处理最高，但与常规施肥处理相比没有显著性差异，显著高于其他3个纳米碳水溶肥处理，三者之间差异不显著。从可溶糖和可溶蛋白来看，除固体纳米碳水溶肥处理呈显著性增加外（增幅为26.60%），其他各处理与常规施肥处理相比都没有显著性差异。综合品质指标分析，固体纳米碳水溶肥相对有利于提高圆生菜品质。

（4）氮吸收量及氮肥利用率　从表3－7来看，固体和液体以及减量10%纳米碳水溶肥处理都显著地提高了圆生菜吸氮量和氮肥利用率。与常规施肥处理相比，四个处理吸氮量增幅分别为99.94%、80.15%、87.01%和99.61%，氮肥利用率增幅分别为161.54%、94.79%、150.56%和137.34%。四个处理相比，液体纳米碳水溶肥处理吸氮量和氮肥利用率略有下降，其他三个处理之间差异不大。以上结果说明，纳米碳水溶肥有不同程度提高圆生菜吸氮量和肥料利用率的作用。

表3－7　纳米碳水溶肥处理对圆生菜氮吸收量及氮肥利用率的影响

处理	施氮量（kg/hm²）	吸氮量（kg/hm²）	氮肥利用率（%）
CK（清水对照）	0	25.21a	
常规施肥	105	48.56b	21.32
纳米碳水溶肥（固体）	117.2	97.09c	55.76
纳米碳水溶肥（液体）	117.6	87.48c	41.53
纳米碳水溶肥（固体）90%	105.4	90.81c	53.42
纳米碳水溶肥（液体）90%	105.8	96.93c	50.60

注：氮肥利用率＝（施氮处理吸氮量－空白吸氮量）/施氮量。

（5）产量环境效益分析　生菜收获后，在0～100 cm各土层，土壤硝态氮含量在一定范围内随深度增加而降低，在某一土层（20～40 cm）达到最低值后，随着深度继续增加又逐渐增高，峰值出现在40～60 cm土层，之后硝态氮含量又有所下降（图3－4）。总体来看，减量固体纳米水溶肥料和液体纳米水溶肥料处理硝态氮含量低于常规施肥。作为土壤氮素淋溶的主要来源，土壤残留硝态氮越少，土壤硝态氮淋溶的可能性越小，越有利于环境保护。减量固体纳米碳水溶肥料和液体纳米碳水溶肥料能有效降低土壤硝态氮残留量。

综合考虑产量、品质和环境效应，纳米碳（固体、液体）水溶肥料施用有利于圆生菜产量增加和品质的提高，固体纳米碳水溶性肥料10%的减量施用是可行的。

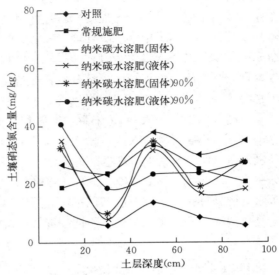

图 3-4 收获后土壤硝态氮分布特征

（三）生物炭基肥料大桃应用效应研究

与北京市土壤肥力标准相比，平谷区刘家店镇桃园土壤肥力较高，面源污染风险大。试验区桃园有机质最大值 5.36%，最小值 1.25%，平均值为 2.415%；全氮最大值 0.29%，最小值 0.092%；有效磷最大值 463.7 mg/kg，最小值 118.4 mg/kg；速效钾最大值 933.30 mg/kg，最小值 250.00 mg/kg；硝态氮最大值 254.41 mg/kg，最小值 6.87 mg/kg。以新型缓释-生物炭基缓释复合肥为试验材料开展高效使用技术研究（表 3-8）。

表 3-8　生物炭基肥试验区桃园土壤养分分析

编号	有机质（%）	土壤全氮（%）	有效磷（mg/kg）	速效钾（mg/kg）	pH	硝态氮（mg/kg）
1	3.377	0.205	290.86	641.5	7.01	62.82
2	5.359	0.288	345.28	687.5	7.24	63.36
3	3.060	0.169	164.58	695.0	7.00	63.48
4	1.778	0.124	225.15	375.0	6.04	132.14
5	1.627	0.116	387.37	440.0	5.88	78.43
6	1.667	0.110	160.47	480.0	6.32	111.48
7	1.844	0.127	269.30	933.3	5.66	61.41
8	2.082	0.116	346.30	400.0	5.73	42.96

（续）

编号	有机质 （％）	土壤全氮 （％）	有效磷 （mg/kg）	速效钾 （mg/kg）	pH	硝态氮 （mg/kg）
9	1.908	0.092	463.77	435.0	5.51	254.41
10	2.994	0.160	293.94	390.0	5.54	6.87
11	2.738	0.145	150.21	340.0	5.82	1.9
12	1.250	0.078	118.38	633.6	5.23	48.04
13	1.716	0.104	182.03	250.0	5.55	1.64

1. 材料与方法

试验品种：大桃中蟠 16、晚 9、晚 24。每个品种设置 3 个处理，分别为常规对照、生物炭基肥、生物炭基肥＋中微量元素叶面肥（每个处理 10 棵桃树），每个处理均有基肥和追肥措施。

① 常规对照。基肥：3 月初（萌芽前期），常规对照氮磷钾复合肥（19 - 19 - 19）为 180 元/袋（50 kg），每棵树施用量为 5 kg，每棵树 18 元。追肥期：常规氮磷钾复合肥（15 - 5 - 25）为 200 元/袋（50 kg），每棵树施用量为 5 kg，每棵树 20 元。

② 生物炭基肥。基肥：生物炭基氮磷钾复合肥（14 - 11 - 15）为 140 元/袋（40 kg），每棵树施用量为 4 kg，每棵树 14 元。追肥：炭基氮磷钾复合肥（13 - 5 - 23）为 135 元/袋（40 kg），每棵树施用量为 4 kg，每棵树 13.5 元。

③ 生物炭基肥＋中微量元素叶面肥。每棵树 4 kg 炭基肥＋叶面肥，4 月保花肥（促进花芽分化），叶面喷施以硼、锌为主的微量元素肥料，5 月保果肥，喷施以中微量元素为主的叶面肥，6 月膨大期，每棵树追施炭基肥（15 - 5 - 23）4 kg，同时第三次喷施以有机物质与中微量元素为主的叶面肥，7 月膨大后期，第四次喷施以有机物质与中微量元素为主的叶面肥。

以每亩 33 棵数计算：常规对照每亩肥料投入，（18＋20）×33＝1254 元；炭基肥每亩肥料投入，（14＋13.5）×33＝907.5 元。每亩氮、磷、钾分别减施 36％、47％、31％，节支 346.5 元。

分层取试验区 0～20 cm、20～40 cm、40～60 cm、60～80 cm、80～100 cm 土壤样品。风干过筛测定 pH、有机质、有效磷、速效钾、全氮、硝态氮等含量。

调查单果重、果茎，计算小区产量；测定果实维生素 C、可溶性固形物含量和总酸度。

数据整理及作图采用 Excel 2007 软件完成，统计分析采用 SPSS 17.0 中的单因素方差分析法（One Way ANOVA），用新复极差法进行多重比较。

2. 结果与分析

(1) 对大桃叶绿素、果重和品质的影响 表3-9数据表明，炭基肥和炭基肥+叶面肥处理晚24、中蟠16、晚9三个品种叶片叶绿素含量有升高的趋势，尤其是中蟠16、晚9两个品种在炭基肥+叶面肥处理下呈显著性升高，与常规对照相比，增幅在9.90%~32.7%。

表3-9 生物炭基肥试验处理对大桃SPAD值的影响

品种	处理	5月11日	7月7日	8月8日
晚24	常规对照	21.6a	34.1a	
	炭基肥	21.9a	34.9a	
	炭基肥+叶面肥	28.0b	38.6b	
中蟠16	常规对照	21.1a	33.7a	41.4a
	炭基肥	23.5b	34.4ab	44.9b
	炭基肥+叶面肥	28.0c	37.6b	45.5b
晚9	常规对照	34.0a	40.1a	
	炭基肥	34.4a	41.3a	
	炭基肥+叶面肥	31.1a	43.4b	

表3-10数据表明，炭基肥和炭基肥+叶面肥处理晚24、中蟠16、晚9三个品种单果重都呈增加的趋势，但三个肥料处理之间差异不显著；三个肥料处理之间大桃维生素C、总酸度、硝酸盐含量没有显著性差异。与对照相比，晚24和中蟠16大桃可溶性固形物含量在炭基肥、炭基肥+叶面肥处理中呈显著性升高，增幅分别为10.48%、15.24%和10.89%、11.88%；晚9号大桃可溶性固形物含量也呈升高的趋势，升幅差异不显著。

表3-10 生物炭基肥试验处理对大桃品质的影响

品种	处理	单果重(g)	可溶性固形物(%)	维生素C(mg/kg)	总酸度(%)	硝酸盐(mg/kg)
晚24	常规对照	302.62a	10.5a	65.2a	0.223a	542.6a
	炭基肥	342.91a	11.6b	61.9a	0.319a	440.2a
	炭基肥+叶面肥	322.29a	12.1b	67.1a	0.262a	405.4a
中蟠16	常规对照	177.61a	10.1a	50.8a	0.363a	129.0a
	炭基肥	198.24a	11.2b	49.7a	0.352a	145.4a
	炭基肥+叶面肥	191.09a	11.3b	68.0a	0.303a	155.6a
晚9	常规对照	307.74a	10.6a	65.3a	0.552a	186.3a
	炭基肥	299.17a	10.7a	62.1a	0.372a	190.4a
	炭基肥+叶面肥	312.39a	11.3a	82.1a	0.404a	253.9b

以上结果说明，炭基肥、炭基肥＋叶面肥处理有增加晚 24 号、中蟠 16、晚 9 三个大桃品种 SPAD 值、单果重和果实可溶性固形物含量的作用。

（2）对果园土壤硝态氮含量的影响　对刘家店镇寅洞村、行宫村、江米洞村和东山下村不同地形条件下桃园不同土层硝态氮含量变化进行分析，从图 3-5 可以看出，不同地形区果园硝态氮含量呈现出不同的变化规律。与对照相比，寅洞村-低平区 10～30 cm 土层炭基肥处理硝态氮含量较高，30 cm 以下土层炭基肥处理硝态氮含量呈显著下降趋势，常规对照处理呈升高的趋势，40 cm 以下土层常规对照处理显著高于炭基肥处理。

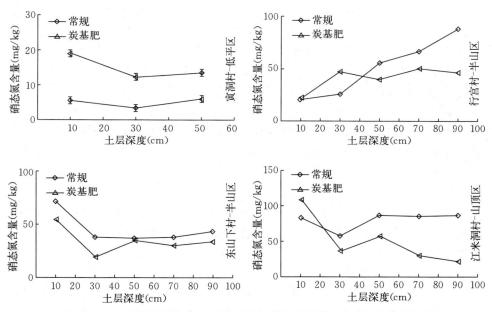

图 3-5　生物炭基肥试验处理中不同地形条件桃园土层硝态氮含量变化

行宫村-半山区 0～10 cm 土壤硝态氮含量常规对照与炭基肥处理二者之间没有显著差异。10～30 cm 土层硝态氮含量二者处理都呈升高的趋势，炭基肥处理增幅大于对照处理。30～50 cm 土层硝态氮含量炭基肥处理随土层深度增加呈显著下降趋势，50 cm 以下土层变幅不大；常规对照处理中 30 cm 以下土层随深度增加呈显著性持续升高的变化趋势。

常规对照和炭基肥处理中江米洞村-山顶区桃园 0～30 cm 土层硝态氮含量随深度增加呈持续下降的趋势，30～50 cm 又都呈持续增加的趋势，常规对照处理显著高于炭基肥处理；50 cm 以下土层，常规对照处理硝态氮含量没有明显变化，而炭基肥处理随深度增加呈显著性下降变化，炭基肥处理硝态氮含量显著低于对照处理。

炭基肥和常规对照处理中东山下村-半山区桃园 0～30 cm 土层硝态氮含量呈平行持续下降的趋势，且前者显著低于后者；对照处理中 30 cm 以下土层硝态氮含量没有明显变化，炭基肥处理中呈先升高而后下降的变化趋势，50 cm 以下土层硝态氮含量炭基肥处理显著低于对照处理。

无论何种地形条件，炭基肥处理中深层土壤硝态氮含量显著低于常规对照处理，说明常规对照处理硝态氮往下层土壤淋溶作用大于炭基肥处理，而施用炭基肥可以降低土壤硝态氮淋溶，这主要与炭基肥减量施用条件下硝态氮利用率高有关。同时，受不同地形条件土层土壤质地影响，炭基肥和常规对照处理下不同土层土壤硝态氮含量呈现不同的迁移转化规律。如寅洞村-低平区试验点由于下层布满石料，土壤取样只能采集到 60 cm，土壤硝态氮含量显著都低于其余几个点，表明了底层漏水漏肥严重，硝态氮淋溶严重。果园基本都是平地，而平谷地区年降雨量 500 mm 左右，较少出现降雨径流，山坡地和山顶没有明显的随降雨产生径流的现象，平谷桃园面源污染以淋溶为主。

炭基肥、炭基肥＋叶面肥处理可以促进大桃叶片生长，提高叶片叶绿素含量，提高光合效率，大桃单果重增加，提高大桃整齐度和外观品质，可溶性固形物含量增加；显著降低桃园 30 cm 以下土层土壤硝态氮含量，进而降低硝态氮淋溶损失产生面源污染的风险。

（四）小结

针对设施菜地/果园的氮源大量投入，分别采用液体肥料、缓释肥等新型肥料，与精准施肥装备配合，对肥料配方和灌水等措施进行优化，从"源头"减少肥料用量，增加肥料的利用率。对于不同类型的作物，采取了不同措施，其减少肥料投入的效果如下：

设施温室番茄研究结果表明，与习惯模式相比，采用新型液体水溶肥配套基于比例施肥器处理，在氮投入量减少 33％、灌溉量减少 50％条件下，番茄产量不降低，其中控释肥处理增产 15.6％，传统复合肥增产 13％，土壤剖面硝态氮含量降低 24％，可减少氮肥的淋溶风险。

对设施叶菜，采用新型纳米水溶性肥，固体和液体纳米碳水溶肥 10％减量条件下，生菜产量增加约 19.0％，肥料利用率提高 1.5 倍以上，维生素 C、游离氨基酸、可溶糖、可溶蛋白等品质指标有所改善，土壤剖面硝酸盐含量有所降低，受肥料成本影响，产投比有所降低。

炭基肥及优化炭基与叶面喷施可以促进大桃叶片生长，提高叶片叶绿素含量，促进光合作用，提高大桃单果重和外观品质，优化生物炭＋叶面肥提高大桃可溶性固形物含量和维生素 C 含量，显著降低大桃酸度，提高品质；不同地形桃园应用新型炭基肥料，60 cm 土层以下土壤硝态氮含量显著降低，降低了氮素淋溶流失污染环境风险。

二、磷投入源头减量技术

基于有机肥在改土培肥、增加土壤微量元素、提高产量、改善作物品质等方面的良好作用，加之近年来随着有机肥使用的补贴政策陆续实施，蔬菜和果园有机肥用量增加。但是在有机肥的施用中，一般以氮为基准进行用量的推荐，很少考虑有机肥中较高的磷含量，造成有机肥处理土壤中磷素的积累偏高和淋溶损失环境污染风险加大。通过调研、取样调查和定位试验等手段，明确有机肥源磷素投入阈值，基于此提出设施菜田有机肥替代化肥源头减磷模式。

（一）京郊设施菜田磷累积变化规律与面源污染风险

1. 表层土壤磷累积状况

文献分析结果表明，从 20 世纪 80 年代至今的近 40 年里，京郊设施菜田土壤有效磷含量呈逐渐升高的变化趋势（表 3-11）。20 世纪 80、90 年代，设施菜田土壤有效磷含量处于中等偏低水平，在 21.4～104.8 mg/kg（张有山，1996；李棠庆，1985），是大田土壤的 5～6 倍（李棠庆，1985）。20 世纪 90 年代末，磷肥在生产上开始大面积推广施用，菜田土壤尤其老菜园土壤有效磷含量达到 100 mg/kg 左右，显然不是 10 年间施用化学磷肥所能达到的。作物对氮、磷的吸收存在差异［（2～3）：1］，有机肥氮、磷养分几乎无差异（1：1），致使氮、磷的施入与携出不协调，导致菜田土壤氮含量增加不多而土壤磷含量呈数倍于大田的速度增长。磷与氮不同，有机肥提供的磷对土壤磷素的补充和积累均比化学磷肥重要。

表 3-11　不同年代北京菜田土壤有效磷和碱解氮含量变化

年代（文献来源）	有效磷（mg/kg）	碱解氮（mg/kg）
1980 年（张有山，1996；李棠庆，1985）	21.4～104.8	65.2～80.3
1990 年（张有山，1996）	60.3～94.3	71.2～89.3
1998 年（吴建繁等，2000）	68.0～167.0	65.0～123.0
2000 年（陈清等，2002；吴建繁，2001）	94.5～381.4	68.4～185.9
2013 年（陈娟等，2017；吴琼等，2015；张婧等，2014）	60.8～532.1	168.7
2015 年（董畔等，2016；许俊香等，2016）	200.0～400.0	30.6

2000 年，北京市露地菜田有效磷含量平均值为 29.6 mg/kg，属于偏低水平，一方面是由于露地菜田是由粮田刚刚转化而来，另一方面露地菜田一年 1～2 茬，复种指数低。保护地菜田种植年限大都在 5 年以上，土壤有效磷含量平均值达到 97.4 mg/kg，施肥量高且周年生产是主要原因；而且各区县分布不均匀，最高值达到 166.6 mg/kg（吴建繁，2011）。随种植年限的增加，

保护地菜田有效磷含量呈增加的趋势，尤其是耕层土壤富集明显。2016年，设施菜地表层土壤有效磷含量达到 200 mg/kg 以上（许俊香等，2016），远高于京郊菜田肥力评级高水平标准值。磷素过量累积在表层土壤中，是其发生淋溶的首要条件，磷素的大量富集增加了环境污染风险。

2016年，与2005年调研时取样点保持一致，采集留民营生态农场不同建造年限日光温室、春秋棚和大田 0～40 cm、0～90 cm 剖面土壤样品 30 个，采集延庆小丰营绿菜园蔬菜专业合作社建造 8～9 年日光温室 0～90 cm 剖面土壤样品 15 个，检测有效磷含量。

结果表明，如图 3-6a 所示，0～20 cm 土层设施菜田土壤有效磷含量是大田土壤的 3.28～9.52 倍，其中，2005 年对应数据为 4.27～9.52 倍，2016 年对应数据为 3.28～8.67 倍。与 2005 年设施菜田土壤相比，2016 年土壤有效磷含量明显增加，平均值由 176.6 mg/kg 增加到 330.8 mg/kg，10 年增长了 0.87 倍。由图 3-6b 可知，随着种植年限的延长，日光温室有效磷含量呈显著增加，相关系数分别为 0.984 0（2005 年）和 0.765 8（2016 年）。这与温室大棚肥料用量高且蔬菜周年生产紧密相关。

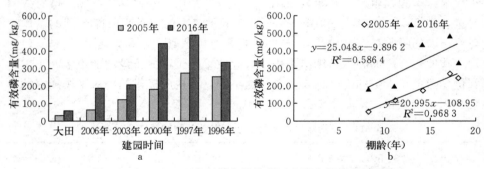

图 3-6 0～20 cm 大兴样点设施菜田土壤有效磷含量变化

2. 大兴取样点土壤磷素淋溶状况

由图 3-7a 可知，20～40 cm 土层有效磷含量低于 0～20 cm 土层。2005 年数据表明，设施菜田土壤有效磷含量是大田土壤的 4.49～13.8 倍，2016 年对应数据为 4.79～13.6 倍，均远高于大田土壤。由图 3-7b 可知，随棚龄年限的增加，20～40 cm 土壤有效磷含量呈增加趋势。说明 0～20 cm 表层有效磷向下层迁移且逐年累积。

图 3-8a 可知，建园时间越早，0～30 cm、30～60 cm 土层有效磷含量越高，均高于大田，说明随种植年限延长表层土壤有效磷向表下层迁移累积。60～90 cm 土层菜田土壤有效磷含量普遍高于大田，说明 30～60 cm 中间土层磷含量超过土壤对磷的吸持能力而继续向下层迁移。

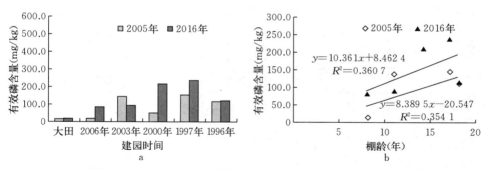

图 3-7　20~40 cm 大兴样点设施菜田土壤有效磷含量变化

以 1997 年建园设施菜田为例，由图 3-8b 可知，2016 年设施菜田 3 个土层（0~30 cm、30~60 cm 和 60~90 cm）有效磷含量较 2005 年对应土层分别增加 257.0%、1 028.7% 和 462.4%。进一步说明表层土壤有效磷向下迁移至30~60 cm 和 60~90 cm 土层。

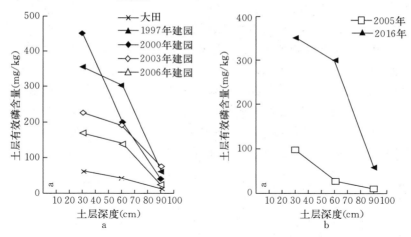

图 3-8　大兴设施菜田 0~90 cm 土层有效磷含量变化

3. 延庆取样点土壤磷素累积状况

图 3-9a 可知，施用低量有机肥（每亩约 2 t），0~30 cm 土层有效磷含量为 145~400 mg/kg；30~60 cm 土层含量虽然低于表层土壤，但也达到了高磷土壤条件，为 50~250 mg/kg；60~90 cm 土层含量低于 30~60 cm 土层，为15~100 mg/kg。与施用低量有机肥相比，高量施用有机肥（每亩 4~5 t）土壤有效磷含量自上至下均有不同程度增加，0~30 cm、30~60 cm、60~90 cm土层分别增加 35.5%、50.0% 和 18.6%。与 2011 年对应土层含量相比，自上至下分别增加 2.67~3.61 倍、3.86~5.79 倍和 5.82~6.90 倍。这说明表层土壤磷向下层土壤逐渐迁移且累积在下层土壤中。

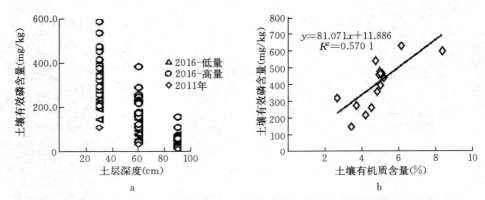

图 3-9 延庆设施菜田 0~90 cm 土壤有效磷以及与土壤有机质的相关性

4. 定位施肥条件下土壤磷累积和淋溶状况

2011 年开始，定位试验验证不同施肥量、种植年限对土壤磷素积累规律的影响。设置 0、30 t/hm²、60 t/hm² 和 90 t/hm² 4 个有机肥用量处理，种植番茄—叶菜—小菜，3~4 茬蔬菜轮作种植。

（1）土壤有效磷与施肥量、有机质相关性 表层土壤有效磷含量与有机肥施用量呈显著性正相关（r=0.976 4），与土壤有机质含量也呈正相关（r=0.755 1）（图 3-10）。说明连续多年施用有机肥是导致土壤有效磷含量升高的主要影响因素。有机肥在提升土壤有机质的同时，也促进有效磷在表层土壤的累积。对于新建温室或露地蔬菜等有机质含量低的菜田，培肥土壤时，有机肥施用要适量，否则会大幅度增加磷在土壤表层的累积，并增大向下淋溶的风险。

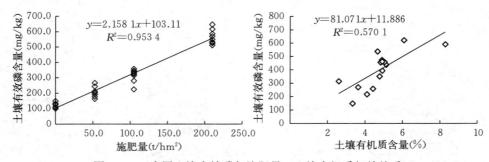

图 3-10 表层土壤有效磷与施肥量、土壤有机质相关关系

（2）土壤有效磷垂直分布情况 由图 3-11 可知，0~30 cm 表层土壤有效磷含量随施肥量增加呈显著性升高，30 t/hm²、60 t/hm²、90 t/hm² 用量（CM1、CM2、CM3）处理土壤有效磷含量显著高于不施有机肥对照（CK）处理（P<0.05），分别是 CK 的 1.28~2.41 倍、2.04~3.25 倍和 3.43~5.87 倍，施肥量越高，土壤有效磷含量越高。

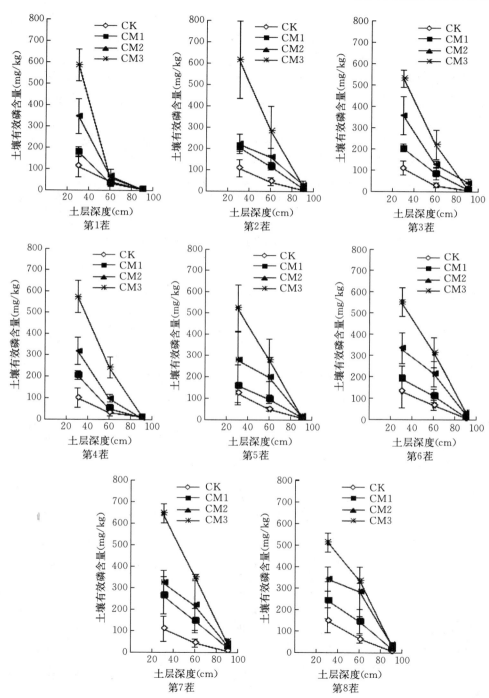

图 3-11 不同有机肥用量处理蔬菜收获后土壤有效磷在 0~90 cm 剖面中的分布

30～60 cm 土层有效磷含量明显低于表土层。CM1、CM2、CM3 处理种植 2～8 茬时土壤有效磷含量明显高于试验初始值（32.8 mg/kg）和 CK，说明表层土壤有效磷已向下层土壤迁移。除第 1 茬外，土壤有效磷含量随施肥量增加而升高，分别是 CK 的 1.65～3.43 倍、3.16～5.09 倍和 4.66～8.15 倍，表明施肥量越高，心土层土壤有效磷含量越高，即土壤有效磷淋溶强度越大。

60～90 cm 土层土壤有效磷含量整体不高，为 2.42～52.4 mg/kg，但该土层有效磷含量有随施肥量增加而升高的趋势，CM1、CM2、CM3 处理由试验初始值 8.2 mg/kg 分别增加到种植第 8 茬的 13.0 mg/kg、27.8 mg/kg、37.3 mg/kg。

土壤有效磷含量与土层厚度呈负相关关系，即土层厚度增加，土壤有效磷含量下降，相关性达到极显著水平。随施肥量增加，直线斜率（绝对值）增加，表明施肥量越高，土壤剖面中不同土层有效磷的累积速率越大（图 3 - 12）。

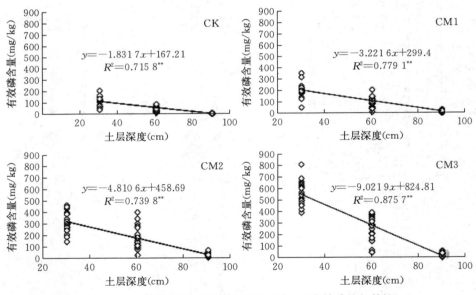

图 3 - 12 不同有机肥用量处理中不同土层有效磷的相关性

注：** 表示极显著相关（$P<0.01$），下同。

（3）土壤有效磷随种植年限的变化 对 3 个施肥处理 0～90 cm 剖面土壤有效磷随种植年限变化规律分析结果表明（图 3 - 13）：CM1、CM2 和 CM3 处理中 0～30 cm 表层土壤有效磷含量随种植年限延长变化幅度较小。30～60 cm 心土层土壤有效磷含量随种植年限延长均呈显著性升高，CM1、CM2、CM3 处理的直线方程分别为 $y=17.001x+12.491$（$R^2=0.849\,1^{**}$）（** 表示在 $P<0.01$ 水平下差异达到极显著），$y=30.517x+22.972$（$R^2=0.897\,2^{**}$），$y=$

$39.112x+65.177$（$R^2=0.889\ 7^{**}$），均达极显著水平，直线斜率随施肥量增加而增大，说明该种肥料管理模式下，随种植年限延长土壤有效磷逐年累积，且施肥量越高土壤有效磷淋溶速率越快。60～90 cm 深层土壤有效磷含量也呈显著性升高，CM1、CM2、CM3 处理的直线方程分别为 $y=2.889\ 4x-0.789\ 7$（$R^2=0.785\ 1$），$y=3.908\ 9x+5.834\ 9$（$R^2=0.365\ 1$），$y=6.611\ 5x-7.35$（$R^2=0.800\ 3$），其中 CM1 和 CM3 相关系数达极显著水平。该土层土壤有效磷变化规律与30～60 cm土层相似。

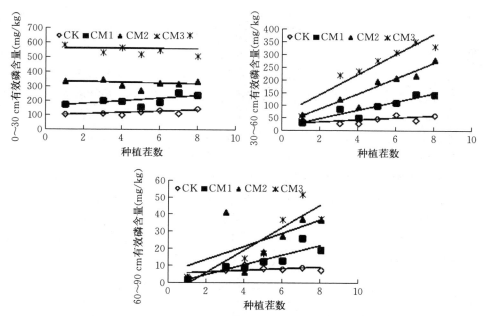

图 3 - 13　不同有机肥用量处理中不同土层有效磷随种植年限延长累积变化

文献分析、调查取样及定位施肥试验分析结果表明，受大量有机肥长期使用影响，北京市设施菜田土壤有效磷含量随种植年限的延长呈大幅增加的趋势，1980—2016 年增加了 20 倍左右，达到高和极高标准水平。表层土壤磷素向心土层和深层土壤淋溶迁移，且淋溶强度随施肥量增加而增大，增加了磷素淋溶损失环境污染风险。因此，设施蔬菜生产过程中，明确基于磷素投入阈值是有机肥安全使用的保证。

（二）设施菜田有机肥源磷素投入阈值

1. 基于有机肥供磷能力的有机肥使用量

基于有机肥供磷能力的有机肥投入阈值综合考虑有机肥施入土壤后的矿化率、作物磷素需求、土壤磷含量水平等因素，确定有机肥精准施用量，计算公式如下：

有机肥投入阈值＝施入有机肥的磷量/有机肥供磷能力　　（1）

施入有机肥的磷量＝作物吸磷量＋磷素盈余－土壤供磷量 （2）

有机肥供磷能力＝有机肥施入土壤后磷素累积释放量 （3）

作物吸磷量，即作物在整个生育期内磷吸收量。磷素盈余，指投入的磷量减去作物带走的磷量。土壤供磷量，有两种计算方式，第一种，采用种植前土壤有效磷含量进行计算；第二种，采用不施肥土壤其蔬菜磷素吸收量。以常见种植蔬菜品种番茄、结球甘蓝、小白菜为对象，计算有机肥投入阈值。

① 施入有机肥的磷量＝番茄吸磷量＋磷素盈余－土壤供磷量。其中：番茄吸磷量：$70.1\,kg/hm^2$；磷素盈余：$28.2\,kg/hm^2$；土壤供磷量：计算公式采用 $0.593\times\ln(x)-0.556$（张传忠，1999），其中 x 代表土壤有效磷含量，按照 $200\,mg/kg$ 进行计算。

② 有机肥供磷能力＝有机肥全磷含量×生育期内磷在土壤中的释放率。鸡粪、猪粪、牛粪有机肥施入土壤 3～4 个月后磷素释放率分别为 37.8%、57.0% 和 41.6%（杨蕊，2011；邢璐，2013）。3 种有机肥全磷含量按 1.40%（牛粪）、1.54%（猪粪）、1.50%（鸡粪）计算，有机肥供磷量分别为 3.48 g/kg、2.80 g/kg、2.48 g/kg。

③ 有机肥投入阈值按公式（1）进行计算，则 3 种有机肥投入阈值分别为 $18.8\,t/hm^2$（牛粪）、$23.5\,t/hm^2$（猪粪）、$26.5\,t/hm^2$（鸡粪）。

有机肥在设施结球甘蓝和小白菜上的投入阈值，计算方法同番茄。其中结球甘蓝和小白菜吸磷量分别按照 $750\,kg/hm^2$ 和 $375\,kg/hm^2$ 计算，根据土壤不同磷水平，分别计算出有机肥用量（表 3-12）。

表 3-12　不同品种蔬菜种植条件下有机肥投入阈值

有机肥种类	蔬菜种类	土壤有效磷[①]（mg/kg）	有机肥施入量[②]（t/hm²）
	番茄	200/150/100/50	17.1/17.8/18.8/20.6
牛粪	结球甘蓝	200/150/100/50	12.4/13.1/14.1/15.9
	小白菜	200/150/100/50	0.15/0.88/1.92/3.69
	番茄	200/150/100/50	21.3/22.2/23.5/25.7
猪粪	结球甘蓝	200/150/100/50	15.4/16.3/17.6/19.8
	小白菜	200/150/100/50	0.18/1.10/2.39/4.59
	番茄	200/150/100/50	24.0/25.1/26.5/29.0
鸡粪	结球甘蓝	200/150/100/50	17.4/18.4/19.9/22.4
	小白菜	200/150/100/50	0.21/1.24/2.70/5.19

① 代表土壤有效磷含量水平。

② 代表土壤有效磷含量水平对应有机肥施用量。

2. 基于土壤磷吸附饱和度的磷素淋溶阈值

土壤磷吸附饱和度（DPS）是与土壤磷素吸持能力相关的指标，表征了土壤已经吸附磷素的多少，也是预测磷素释放能力的指标。土壤磷吸附饱和度与水溶性磷（CaCl$_2$-P）具有较好的相关性，以土壤磷吸附饱和度为横坐标，土壤中水溶性磷为纵坐标作曲线，则可获得拐点（Nair et al.，2004；Kleinman et al.，2002）。土壤磷吸附饱和度与水溶性磷之间存在一个突变点，即临界值，当高于该点时土壤磷素流失风险会显著升高。

基于 2011 年开始的北京市延庆县小丰营村蔬菜种植基地日光温室定位有机肥施用轮作种植番茄、结球甘蓝（芹菜）、小油菜（小白菜）试验，试验过程中测定不同土层有效磷和水溶性磷含量，计算 0～90 cm 土层有效磷累积量。采用了土壤磷吸附饱和度与水溶性磷之间的相关关系评价土壤磷素淋失风险。

图 3-14a 表明，土壤磷吸附饱和度与水溶性磷之间存在一个突变点，其土壤磷吸附饱和度为 28.5%、水溶性磷为 3.38 mg/kg，高于该点时，水溶性磷含量大幅增加，磷素淋溶流失风险大幅升高。水溶性磷与有效磷之间呈直线相关关系（$y=0.032\,7x-1.343$）（图 3-14b），水溶性磷含量为 3.38 mg/kg 时对应有效磷含量为 144.4 mg/kg。若土壤有效磷含量超过 144.4 mg/kg 时，表层土壤磷向下层土壤迁移。

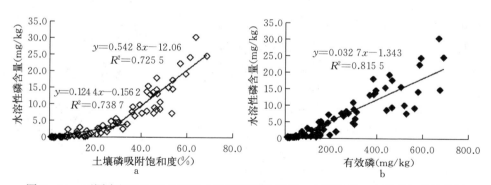

图 3-14　不同有机肥用量处理中土壤磷吸附饱和度、水溶性磷、有效磷相关性分析

3. 有机肥投入阈值

（1）土壤有效磷含量低于 144.4 mg/kg　一是有机肥提供全部磷源。土壤有效磷含量接近磷素淋溶阈值，有机肥投入量按照有机肥供磷能力及作物种类进行计算。种植番茄时牛粪、猪粪和鸡粪投入量分别为 17.8 t/hm^2、22.2 t/hm^2、25.1 t/hm^2，无需补充化学磷肥；种植结球甘蓝时牛粪、猪粪和鸡粪投入量分别为 13.1 t/hm^2、16.3 t/hm^2、18.4 t/hm^2，无需补充化学磷肥。

土壤有效磷含量低于 100 mg/kg，有机肥投入量按照有机肥供磷能力及作物种类进行计算。以土壤有效磷 50 mg/kg 计算，种植番茄时牛粪、猪粪和鸡粪投入量分别为 20.6 t/hm²、25.7 t/hm²、29.0 t/hm²，无需补充化学磷肥；种植结球甘蓝时牛粪、猪粪和鸡粪投入量分别为 15.9 t/hm²、19.8 t/hm²、22.4 t/hm²，无需补充化学磷肥。

二是有机肥提供部分磷源，不足部分由化学磷肥补充。土壤有效磷低于 100 mg/kg，有机肥投入量按照土壤有效磷到达淋溶阈值 144.4 mg/kg 时进行施用。即种植番茄时牛粪、猪粪和鸡粪投入量分别为 17.8 t/hm²、22.2 t/hm²、25.1 t/hm²，作为基肥施用，磷不足部分由化学磷肥作为追肥施用。种植结球甘蓝时牛粪、猪粪和鸡粪投入量分别为 13.1 t/hm²、16.3 t/hm²、18.4 t/hm²，作为基肥施用，磷不足部分由化学磷肥作为追肥施用。

（2）土壤有效磷含量高于 144.4 mg/kg　应减少磷在表层土壤的累积、降低磷向下层土壤的淋溶风险，以不施用有机肥最佳。

（三）有机肥减量施用对土壤磷累积影响

基于上述有机肥投入阈值，开展了有机肥减量施用对土壤磷素累积和淋溶的影响研究。

在延庆试验基地进行有机肥减量施用技术应用示范，有机肥用量为每茬 15.0 t/hm²，常规施肥为每茬 30 t/hm²。每年种植 3～4 茬蔬菜，每年施用有机肥 2 次，分别在 3 月和 8 月的茬口施用。

如图 3-15 所示，实施有机肥减量施用技术第 1 年，常规施肥和减量施肥土壤有效磷几乎无差异；实施有机肥减量技术第 3 年，土壤剖面自上至下有效磷含量分别较常规施肥减少 93.0 mg/kg、56.6 mg/kg 和 15.5 mg/kg（P），降低的比例分别为 25.6%、33.3% 和 27.5%。由此可见，实施基于有机肥磷素投入阈值的管理技术，减少了磷素在表层土壤的累积和向下层土壤的迁移，环境效益明显。

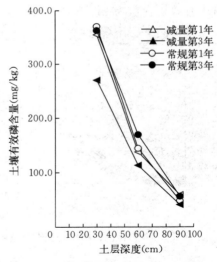

图 3-15　有机肥减量施用技术对土壤磷的影响

（四）小结

依据土壤磷水平、作物养分需求和土壤磷淋溶阈值等参数，提出设施菜田源头减磷的 3 种有机肥施用模式。

模式 1：中、低磷土壤有机肥作为基肥提供全部磷源。土壤有效磷含量接近磷素淋溶阈值及远低于淋溶阈值时，有机肥投入量按照有机肥供磷能力及作物种类进行计算，无需补充化学磷肥。氮肥和钾肥由化学肥料提供。

模式2：低磷土壤有机肥作为基肥提供部分磷源，不足部分由化学磷肥追施补充。土壤有效磷低于100 mg/kg时，有机肥投入量按照土壤有效磷到达淋溶阈值144.4 mg/kg时进行施用，磷不足部分由化学磷肥追施补充。氮肥和钾肥由化学肥料提供。

模式3：高磷土壤不施磷肥模式。针对高磷土壤（有效磷高于150 mg/kg）磷素易发生淋溶的特点，应减少磷素投入，作物需求的磷全部由土壤提供。氮肥和钾肥由化学肥料提供。

有机肥减量施用，与常规施肥相比，菜田土壤剖面有效磷含量自上至下分别降低25.6％、33.3％和27.5％，大大降低了磷素淋失污染环境风险。因此，设施菜田以磷为基准的有机肥减量使用技术是有效减少磷素累积和降低菜田面源污染风险的有效途径。

三、作物病虫害综合防治农药投入源头减量技术

菜田果园由于超量氮磷有机无机肥施用，导致土壤肥力、健康、环境综合质量下降，不仅供应作物养分能力下降，而且导致土壤有害病原微生物大量繁殖，作物尤其是蔬菜病虫草害发生严重，为了保证产量、有效防治病虫害，农业生产中不得不大量使用化学农药，进而形成恶性循环。为了从根本上解决作物病虫害发生问题，改善菜田果园生态系统生物多样性、增加生态系统的稳定性是防控面源污染的根本措施。以发病性较为严重的菜田果园土壤为对象，筛选抗病性微生物菌株，研发抗病性微生物菌剂产品及其规模化生产工艺，提高土壤健康、环境质量，提供作物良好土壤生长环境，从土壤本身提高抗病虫害能力。辅之以菜田果园发生较为严重病虫害时的生物防治措施，构建菜田果园绿色综合防治标准化技术体系。

（一）绿色替代抗病性微生物菌剂产品与生产工艺研发

从提高土壤抗病能力角度，筛选菌株，研究菌株解磷、解钾、固氮能力和酶学性质，研发生产工艺、建立生产线，生产抗病性微生物菌剂产品（具体技术路线见图3-16）。

1. 抗病性微生物菌株筛选与驯化

（1）抗病性微生物菌株筛选　从北京市房山区窦店镇窦店村果园、菜田采集28份土样中分离出微生物菌株169株。

对分离出169株微生物菌株筛选。初步筛选结果表明，多数微生物菌株对固定态磷、钾没有明显分解释放作用，多数微生物菌株对指示菌没有明显拮抗活性，其无效比例为85.80％；对固定态磷、钾有一定分解释放作用，对氮具

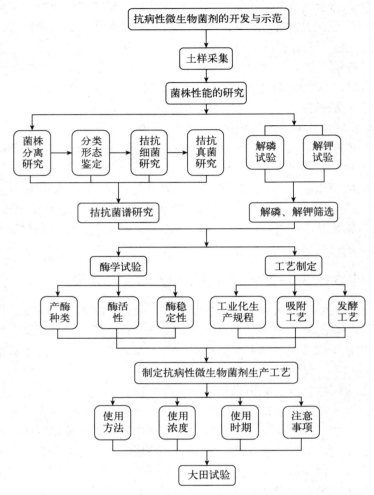

图 3 - 16　抗病性微生物菌剂筛选、生产工艺与产品研发技术路线

有一定固定作用且对指示菌有拮抗活性的微生物菌株有 24 株，比例为 14.20%。对初步筛选出 24 株微生物菌株，进一步筛选，具体检测数据如表 3-13、表 3-14 所示。

表 3 - 13　抗病性微生物菌剂拮抗病菌筛选结果

单位：株

拮抗活性	不明显	较明显	明显
橡胶茎腐病菌	143	19	7（菌 4/7/13/41/76/92/127）
石斛枯萎病菌	136	22	11（菌 4/5/7/13/38/41/53/76/92/127/135）

（续）

拮抗活性	不明显	较明显	明显
葡萄黄化病菌	133	31	9（菌 4/13/35/41/43/55/76/127/131）
香蕉巴拿马病菌	137	26	6（菌 4/13/41/76/127/141）
柑橘枯萎病菌	131	29	9（菌 1/4/13/36/41/76/97/127/139）
番茄早疫病菌	119	37	13（菌 4/7/13/27/38/41/62/76/84/127/145）

表 3-14　抗病性微生物菌剂分离菌株解磷、解钾、固氮能力筛选结果

单位：株

能力	不显著	较显著	显著
解磷	139	23	7（菌 4/13/41/76/101/127/34）
解钾	137	20	12（菌 4/8/13/23/41/51/57/76/82/93/127/145）
固氮	126	36	7（菌 4/13/41/76/101/127/34）

由表 3-13、表 3-14 综合分析，对固定态磷、钾分解释放明显且对指示菌拮抗活性明显的微生物菌株有 5 株，分别是：菌 4、菌 13、菌 41、菌 76、菌 127。对 5 株微生物菌株复筛，检测数据如表 3-15、表 3-16 所示。可以看出，对固定态磷、钾分解释放显著且对指示菌拮抗活性显著的微生物菌株有 4 株，菌种编码分别是：4、13、41、76。

表 3-15　筛选出抗病性微生物菌剂抑菌能力检测

单位：mm

病原菌	菌株编号				
	菌 4	菌 13	菌 41	菌 76	菌 127
橡胶茎腐病菌	17.6	23.6	12.7	22.1	21.1
石斛枯萎病菌	21.3	27.8	16.8	28.5	23.6
葡萄黄化病菌	13.8	19.5	19.6	21.4	18.6
香蕉巴拿马病菌	17.6	21.6	19.3	23.8	19.7
柑橘枯萎病菌	16.4	24.7	18.2	24.5	19.3
番茄早疫病菌	20.1	27.1	19.9	27.6	21.4

表 3-16 筛选出抗病性微生物菌剂解磷、解钾、固氮能力检测

菌株编号	解磷效能测定			解钾效能测定			固氮效能测定		
	对照有效磷含量 (mg/kg)	处理组有效磷含量 (mg/kg)	增幅 (%)	对照有效钾含量 (mg/kg)	处理组有效钾含量 (mg/kg)	增幅 (%)	对照总氮含量 (mg/kg)	处理组总氮含量 (mg/kg)	增幅 (%)
4	21.3	27.1	27.23	247.2	289.4	17.07	73.6	86.1	16.98
13	21.3	28.3	32.86	247.2	307.7	24.47	73.6	88.2	19.84
41	21.3	26.8	25.82	247.2	297.1	20.19	73.6	84.9	15.35
76	21.3	29.4	38.03	247.2	312.6	26.46	73.6	86.0	16.84
127	21.3	24.7	15.96	247.2	268.1	8.45	73.6	75.8	2.99

（1）分离驯化筛选出功能型微生物菌株 经 BIOLOG4.2 微生物自动鉴定系统、16S rDNA 序列分析，确定 4 株微生物菌株分别为：枯草芽孢杆菌、侧孢短芽孢杆菌、解淀粉芽孢杆菌、胶冻样类芽孢杆菌。具体检测内容如下：

① 侧孢短芽孢杆菌鉴定（检测依据标准：NY/T 1736—2009）。细胞杆状，两端略尖，革兰氏染色呈阳性，大小为（0.4～0.6）μm×（1.5～3.0）μm。芽孢椭圆形，侧生，孢囊膨大。

在营养肉汤琼脂培养基上，菌落呈圆形，色暗，幼龄表面光滑湿润，老龄有皱褶，有特殊气味。

阳性反应：接触酶；氧化酶；厌氧生长；酪肮水解。

阴性反应：卵磷脂酶；淀粉水解。

16S rDNA 序列分析：从菌剂提取基因组 DNA，采用通用引物进行 16S rDNA 扩增，PCR 产物测序。所测的 16S rDNA 序列经校对、拼接后与 Gen-Bank 数据库中相关种属的序列进行 BLAST 比较，结果表明，该菌株的 16S rDNA 序列与侧孢短芽孢杆菌的序列同源性为 99%。

② 枯草芽孢杆菌鉴定（检测依据标准：NY/T 1736—2009、NY/T 2066—2011）。细胞杆状，革兰氏染色阳性，大小为（0.6～0.8）μm×（2.0～3.5）μm。芽孢中生或偏生，芽孢囊部膨大，芽孢柱形。

在营养肉汤培养基上，菌落呈白色，圆形，隆起，黏稠，边缘整齐。

阳性反应：接触酶；氧化酶；水解淀粉。

阴性反应：卵磷脂酶；厌氧生长；丙酸盐利用；乳糖发酵产酸。

经 BIOLOG4.2 微生物自动鉴定系统鉴定，该菌株与枯草芽孢杆菌符合。

特异 PCR 分析：采用特异引物进行多重 PCR 扩增，该菌株产生唯一的扩增产物，条带大小与枯草芽孢杆菌相同。

③ 解淀粉芽孢杆菌鉴定（检测依据标准：NY/T 1736—2009、NY/T 2066—

2011）。细胞杆状，革兰氏染色阳性，大小为（0.6～0.8）μm×（2.0～3.5）μm。芽孢中生或偏生，芽孢囊部膨大，芽孢柱形。

在营养肉汤培养基上，菌落呈白色，圆形，干燥，边缘整齐，有褶皱。

阳性反应：接触酶；氧化酶；水解淀粉；乳酸发酵产物。

阴性反应：卵磷脂酶；厌氧生长；丙酸盐利用。

经 BIOLOG4.2 微生物自动鉴定系统鉴定，菌株与解淀粉芽孢杆菌符合。

特异 PCR 分析：采用特异引物进行多重 PCR 扩增，该菌株产生唯一的扩增产物，条带大小与解淀粉芽孢杆菌相同。

④ 胶冻样类芽孢杆菌鉴定（检测依据标准：NY/T 1736—2009）。细胞杆状，革兰氏染色呈阴性，大小为（0.8～1.1）μm×（3.0～4.0）μm。芽孢椭圆形，中生，芽孢囊微膨大。细胞内产生聚 β-羟基丁酸盐（PHB）颗粒。

在硅酸盐细菌培养基上生长良好，产生厚荚膜，菌落大而圆，凸起，无色透明，质地黏稠富弹性，不易挑起。

阳性反应：接触酶。

阴性反应：卵磷脂酶；氧化酶；厌氧生长。

16S rDNA 序列分析：从菌体提取基因组 DNA，采用通用引物进行 16S rDNA 扩增，PCR 产物测序。所测的 16S rDNA 序列经校对、拼接后与 GenBank 数据库中相关种属的序列进行 BLAST 比较，结果表明，该菌株的 16S rDNA 序列与胶冻样类芽孢杆菌的序列同源性为 99%。

综上，从北京市房山区窦店镇窦店村病害严重的果园中健康果树根际采集的土样中分离提纯出 169 株微生物菌株。通过抗菌谱测定，解磷、解钾、固氮试验，生理生化试验等研究，筛选出 4 株以解磷、解钾、固氮，提高肥料利用率，防治土传病害为主要功能的微生物菌株枯草芽孢杆菌、侧孢短芽孢杆菌、胶冻样类芽孢杆菌、解淀粉芽孢杆菌，对多种病原菌有拮抗作用。

2. 产酶种类研究

（1）淀粉酶活力测定　在滴加碘液的淀粉培养基平板上，出现的透明圈直径（D）与菌落直径（d）的比值可直接判定淀粉降解菌株产酶活力的大小及淀粉酶浓度的高低。由表 3-17 数据可知，枯草芽孢杆菌的酶活力平均值为 82.90 IU/mL，D/d 的值为 2.46；侧孢短芽孢杆菌的酶活力平均值为 80.60 IU/mL，D/d 的值为 1.99；胶冻样类芽孢杆菌的酶活力平均值为 84.50 IU/mL，D/d 的值为 2.76；解淀粉芽孢杆菌的酶活力平均值为 85.73 IU/mL，D/d 的值为 2.91。这表明枯草芽孢杆菌、侧孢短芽孢杆菌、胶冻样类芽孢杆菌、解淀粉芽孢杆菌均能高产淀粉酶，并且其淀粉酶降解淀粉能力强（检测结果见表 3-17）。

表 3 - 17　抗病性微生物菌剂筛选菌株降解淀粉能力及酶活力测定结果

重复	枯草芽孢杆菌		侧孢短芽孢杆菌		胶冻样类芽孢杆菌		解淀粉芽孢杆菌	
	透明圈直径/菌落直径	酶活力（IU/mL）	透明圈直径/菌落直径	酶活力（IU/mL）	透明圈直径/菌落直径	酶活力（IU/mL）	透明圈直径/菌落直径	酶活力（IU/mL）
1	2.47	83.16	1.94	79.81	2.75	84.35	2.94	85.56
2	2.39	82.93	1.99	81.37	2.81	85.28	2.87	82.39
3	2.51	82.61	2.03	80.63	2.72	83.87	2.88	89.23
平均值	2.46	82.90	1.99	80.60	2.76	84.50	2.91	85.73

（2）蛋白酶活力测定　在蛋白培养基平板上，出现的透明圈直径（D）与菌落直径（d）的比值可直接判定蛋白降解菌株产酶活力的大小及蛋白酶浓度的高低。由表 3 - 18 数据可知，枯草芽孢杆菌的酶活力平均值为 82.80 IU/mL，D/d 的值为 2.23；侧孢短芽孢杆菌的酶活力平均值为 82.65 IU/mL，D/d 的值为 2.04；胶冻样类芽孢杆菌的酶活力平均值为 82.80 IU/mL，D/d 的值为 2.42；解淀粉芽孢杆菌的酶活力平均值为 82.73 IU/mL，D/d 的值为 2.34。这表明枯草芽孢杆菌、侧孢短芽孢杆菌、胶冻样类芽孢杆菌、解淀粉芽孢杆菌均能高产蛋白酶，并且其蛋白酶降解蛋白能力强（检测结果见表 3 - 18）。

表 3 - 18　抗病性微生物菌剂筛选菌株降解蛋白能力及酶活力测定结果

重复	枯草芽孢杆菌		侧孢短芽孢杆菌		胶冻样类芽孢杆菌		解淀粉芽孢杆菌	
	透明圈直径/菌落直径	酶活力（IU/mL）	透明圈直径/菌落直径	酶活力（IU/mL）	透明圈直径/菌落直径	酶活力（IU/mL）	透明圈直径/菌落直径	酶活力（IU/mL）
1	2.29	82.73	2.09	83.05	2.76	83.27	2.20	77.67
2	2.19	83.01	1.96	82.92	2.68	83.26	2.54	81.29
3	2.21	82.67	2.07	81.97	1.82	81.87	2.28	89.23
平均值	2.23	82.80	2.04	82.65	2.42	82.80	2.34	82.73

（3）纤维素酶活力测定　在纤维素培养基平板上，出现的透明圈直径（D）与菌落直径（d）的比值可直接判定纤维素降解菌株产酶活力的大小及纤维素酶浓度的高低。由表 3 - 19 数据可知，枯草芽孢杆菌的酶活力平均值为 81.16 IU/mL，D/d 的值为 2.13；侧孢短芽孢杆菌的酶活力平均值为 82.41 IU/mL，D/d 的值为 2.04；胶冻样类芽孢杆菌的酶活力平均值为 82.84 IU/mL，D/d 的值为 2.37；解淀粉芽孢杆菌的酶活力平均值为 82.56 IU/mL，D/d 的值为 2.37。表明枯草芽孢杆菌、侧孢短芽孢杆菌、胶冻样类芽孢杆菌、解淀粉芽孢杆菌均能高产纤维素酶，并且其纤维素酶降解纤维素能力强（检测结果见表 3 - 19）。

表 3-19 抗病性微生物菌剂筛选菌株降解纤维素能力及酶活力测定结果

重复	枯草芽孢杆菌		侧孢短芽孢杆菌		胶冻样类芽孢杆菌		解淀粉芽孢杆菌	
	透明圈直径/菌落直径	酶活力（IU/mL）	透明圈直径/菌落直径	酶活力（IU/mL）	透明圈直径/菌落直径	酶活力（IU/mL）	透明圈直径/菌落直径	酶活力（IU/mL）
1	2.26	78.30	2.12	82.90	2.57	81.57	2.37	81.23
2	2.22	82.51	1.89	82.36	2.48	82.56	2.48	80.52
3	1.91	82.67	2.11	81.97	2.06	84.39	2.26	85.93
平均值	2.13	81.16	2.04	82.41	2.37	82.84	2.37	82.56

（4）脂肪酶活力测定 在脂肪培养基平板上，出现的透明圈直径（D）与菌落直径（d）的比值可直接判定脂肪降解菌株产酶活力的大小及脂肪酶浓度的高低。由表 3-20 数据可知，枯草芽孢杆菌的酶活力平均值为 80.67 IU/mL，D/d 的值为 2.06；侧孢短芽孢杆菌的酶活力平均值为 31.55 IU/mL，D/d 的值为 0.22；胶冻样类芽孢杆菌的酶活力平均值为 83.14 IU/mL，D/d 的值为 2.47；解淀粉芽孢杆菌的酶活力平均值为 82.51 IU/mL，D/d 的值为 2.33。表明枯草芽孢杆菌、胶冻样类芽孢杆菌、解淀粉芽孢杆菌能高产脂肪酶，并且其脂肪酶降解脂肪能力强；侧孢短芽孢杆菌产脂肪酶能力有限，并且酶活力较低（检测结果见表 3-20）。

表 3-20 抗病性微生物菌剂筛选菌株降解脂肪能力及酶活力测定结果

重复	枯草芽孢杆菌		侧孢短芽孢杆菌		胶冻样类芽孢杆菌		解淀粉芽孢杆菌	
	透明圈直径/菌落直径	酶活力（IU/mL）	透明圈直径/菌落直径	酶活力（IU/mL）	透明圈直径/菌落直径	酶活力（IU/mL）	透明圈直径/菌落直径	酶活力（IU/mL）
1	1.96	80.31	0.29	33.32	2.56	82.31	2.25	81.50
2	2.32	81.47	0.19	29.36	2.45	82.78	2.38	80.35
3	1.90	80.23	0.18	31.97	2.40	84.33	2.36	85.68
平均值	2.06	80.67	0.22	31.55	2.47	83.14	2.33	82.51

（5）几丁质酶活力测定 在几丁质培养基平板上，出现的透明圈直径（D）与菌落直径（d）的比值可直接判定几丁质降解菌株产酶活力的大小及几丁质酶浓度的高低。由表 3-21 数据可知，枯草芽孢杆菌的酶活力平均值为 32.31 IU/mL，D/d 的值为 0.22；侧孢短芽孢杆菌的酶活力平均值为 81.21 IU/mL，D/d 的值为 2.21；胶冻样类芽孢杆菌的酶活力平均值为 46.97 IU/mL，D/d 的值为 0.57；解淀粉芽孢杆菌的酶活力平均值为 47.54 IU/mL，D/d 的值为 0.62。表明侧孢短芽孢杆菌能高产几丁质酶，并且其几丁质酶降解几丁质能力强；枯草芽孢杆菌、胶冻样类芽孢杆菌、解淀粉芽孢杆菌产几丁质酶能力有限，并且酶活力较低（表 3-21）。

表 3-21　抗病性微生物菌剂筛选菌株降解几丁质能力及酶活力测定结果

重复	枯草芽孢杆菌		侧孢短芽孢杆菌		胶冻样类芽孢杆菌		解淀粉芽孢杆菌	
	透明圈直径/ 菌落直径	酶活力 （IU/mL）	透明圈直径/ 菌落直径	酶活力 （IU/mL）	透明圈直径/ 菌落直径	酶活力 （IU/mL）	透明圈直径/ 菌落直径	酶活力 （IU/mL）
1	0.19	34.60	2.17	83.61	0.53	47.16	0.62	47.92
2	0.21	30.82	2.09	79.85	0.61	46.81	0.59	48.13
3	0.25	31.52	2.38	80.17	0.58	46.95	0.64	46.57
平均值	0.22	32.31	2.21	81.21	0.57	46.97	0.62	47.54

综上，枯草芽孢杆菌能高产淀粉酶、蛋白酶、纤维素酶及脂肪酶，侧孢短芽孢杆菌能高产淀粉酶、蛋白酶、纤维素酶及几丁质酶，胶冻样类芽孢杆菌能高产淀粉酶、蛋白酶、纤维素酶及脂肪酶，解淀粉芽孢杆菌能高产淀粉酶、蛋白酶、纤维素酶及脂肪酶。

3. 酶学性质研究

（1）淀粉酶的酶学性质研究

① 温度对淀粉酶活力的影响。如果以相对酶活力高于 90％ 作为淀粉酶的最适温度计算依据，由图 3-17 分析可知，侧孢短芽孢杆菌所产淀粉酶的最适温度范围为 44～47 ℃；在 38～43 ℃温度范围内，淀粉酶相对酶活力增速较快；温度在 48 ℃以上（包括 48 ℃）时，随着温度上升酶活力受到抑制，相对酶活力下降，在 70 ℃时降为 2.9％。枯草芽孢杆菌所产淀粉酶的最适温度范围为 46～52 ℃；在 38～44 ℃温度范围内，相对酶活力快速增加；温度在 53 ℃以上（包括 53 ℃）时，随着温度上升，酶活力受到抑制，在 70 ℃时降为 4.1％。胶冻样类芽孢杆菌所产淀粉酶的最适温度范围为 46～50 ℃；在 38～44 ℃温度范围内，相对酶活力快速增加；温度在 52 ℃以上时，随着温度上升，酶活力

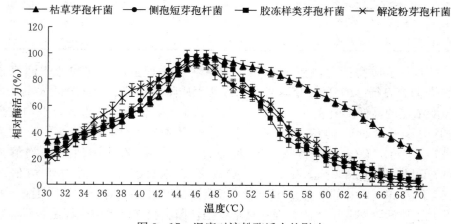

图 3-17　温度对淀粉酶活力的影响

受到抑制。解淀粉芽孢杆菌所产淀粉酶的最适温度范围为 46~48 ℃；在 38~44 ℃温度范围内，相对酶活力快速增加；温度在50 ℃以上时，随着温度上升，酶活力受到抑制。

② pH 对淀粉酶活力的影响。如果以相对酶活力高于90％作为淀粉酶的最适 pH 计算依据，由图 3-18 分析可知，侧孢短芽孢杆菌所产淀粉酶的最适 pH 范围为 6.0~7.5；pH 小于 6.0 时，相对酶活力与 pH 呈正相关关系；pH 大于 7.5 时，相对酶活力与 pH 呈负相关关系。枯草芽孢杆菌所产淀粉酶的最适 pH 范围为 5.5~7.0；pH 小于 5.5 时，相对酶活力与 pH 呈正相关关系；pH 大于 7.0 时，相对酶活力与 pH 呈负相关关系。胶冻样类芽孢杆菌所产淀粉酶的最适 pH 范围为 6.0~7.5；pH 小于 6.0 时，相对酶活力与 pH 呈正相关关系；pH 大于 7.5 时，相对酶活力与 pH 呈负相关关系。解淀粉芽孢杆菌所产淀粉酶的最适 pH 范围为 5.5~7.0；pH 小于 6 时，相对酶活力与 pH 呈正相关关系；pH 大于 7.0 时，相对酶活力与 pH 呈负相关关系。

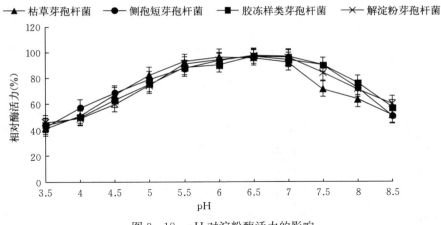

图 3-18　pH 对淀粉酶活力的影响

③ 紫外照射强度对淀粉酶活力的影响。如果以相对酶活力高于90％作为淀粉酶的最适紫外照射强度的计算依据，由图 3-19 分析可知，枯草芽孢杆菌所产淀粉酶的最适紫外照射强度范围为 40~45 $\mu W/cm^2$；紫外照射强度小于 40 $\mu W/cm^2$ 时，淀粉酶的相对酶活力与紫外照射强度呈正相关关系；紫外照射强度大于 45 $\mu W/cm^2$ 时，淀粉酶的相对酶活力与紫外照射强度呈负相关关系。侧孢短芽孢杆菌所产淀粉酶的最适紫外照射强度范围为 35~45 $\mu W/cm^2$；紫外照射强度小于 35 $\mu W/cm^2$ 时，相对酶活力与紫外照射强度呈正相关关系；紫外照射强度大于 45 $\mu W/cm^2$ 时，相对酶活力与紫外照射强度呈负相关关系。胶冻样类芽孢杆菌所产淀粉酶的最适紫外照射强度范围为 35~50 $\mu W/cm^2$；

紫外照射强度小于 $35\,\mu W/cm^2$ 时，淀粉酶的相对酶活力与紫外照射强度呈正相关关系；紫外照射强度大于 $50\,\mu W/cm^2$ 时，淀粉酶的相对酶活力与紫外照射强度呈负相关关系。解淀粉芽孢杆菌所产淀粉酶的最适紫外照射强度范围为 $35\sim45\,\mu W/cm^2$；紫外照射强度小于 $35\,\mu W/cm^2$ 时，相对酶活力与紫外照射强度呈正相关关系；紫外照射强度大于 $45\,\mu W/cm^2$ 时，相对酶活力与紫外照射强度呈负相关关系。

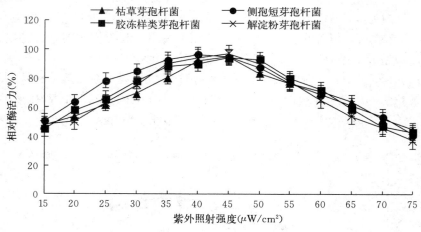

图 3-19　紫外照射强度对淀粉酶活力的影响

④ 金属离子对淀粉酶活力的影响。由表 3-22 分析可知，Na^+、Mg^{2+}、K^+ 对侧孢短芽孢杆菌所产的淀粉酶有一定的激活作用，Mn^{2+}、As^{3+}、Li^+、Hg^{2+} 对该酶有一定的抑制作用；Ca^{2+}、Na^+、Mg^{2+}、K^+ 对枯草芽孢杆菌所产的淀粉酶有一定的激活作用，Mn^{2+}、As^{3+}、Li^+、Hg^{2+} 对该酶有一定的抑制作用；Na^+、Mg^{2+}、Ca^{2+}、Cu^{2+} 对解淀粉芽孢杆菌产生的淀粉酶有一定的激活作用，Mn^{2+}、As^{3+}、Li^+、Hg^{2+}、Pb^{2+} 对该酶有一定的抑制作用；Na^+、Mg^{2+}、Ca^{2+}、K^+、Al^{3+} 对胶冻样类芽孢杆菌产生的淀粉酶有一定的激活作用，Mn^{2+}、As^{3+}、Hg^{2+}、Pb^{2+} 对该酶有一定的抑制作用。

表 3-22　金属离子对筛选出抗病性微生物菌株淀粉酶活力影响统计

金属离子	离子浓度 ($\mu mol/L$)	侧孢相对酶活力 (%)	枯草相对酶活力 (%)	胶冻相对酶活力 (%)	解淀粉相对酶活力 (%)	离子浓度 ($\mu mol/L$)	侧孢相对酶活力 (%)	枯草相对酶活力 (%)	胶冻相对酶活力 (%)	解淀粉相对酶活力 (%)
Mg^{2+}	1	129.6	120.9	121.6	130.8	10	125.1	131.7	124.6	140.5
Ca^{2+}	1	93.1	131.7	136.7	135.4	10	91.7	129.3	130.4	138.1

（续）

金属离子	离子浓度（$\mu mol/L$）	侧孢相对酶活力（%）	枯草相对酶活力（%）	胶冻相对酶活力（%）	解淀粉相对酶活力（%）	离子浓度（$\mu mol/L$）	侧孢相对酶活力（%）	枯草相对酶活力（%）	胶冻相对酶活力（%）	解淀粉相对酶活力（%）
Na^+	1	119.1	128.4	130.4	129.4	10	115.7	117.3	139.5	135.5
Mn^{2+}	1	60.7	86.1	61.7	48.4	10	56.9	80.5	60.3	56.1
Cu^{2+}	1	97.6	93.5	90.2	121.7	10	96.1	87.6	85.5	128.7
Fe^{3+}	1	96.1	97.1	81.2	80.6	10	93.2	98.2	86.4	90.1
Li^+	1	73.6	76.4	83.3	56.5	10	70.9	64.8	90.4	60.0
Hg^{2+}	1	51.4	51.7	47.6	55.4	10	50.7	46.2	48.5	53.0
As^{3+}	1	47.9	57.9	54.7	50.1	10	43.2	49.5	59.4	53.1
Pb^{3+}	1	91.7	93.4	60.1	41.4	10	90.8	91.4	54.7	42.7
K^+	1	137.5	141.3	129.5	85.4	10	141.2	137.1	131.2	86.7
Al^{3+}	1	101.2	96.4	123.7	88.2	10	98.6	95.3	126.4	90.5

（2）蛋白酶的酶学性质研究

①温度对蛋白酶活力的影响。如果以相对酶活力高于90％作为蛋白酶的最适温度计算依据，由图3-20分析可知，枯草芽孢杆菌所产蛋白酶的最适温度范围为46～52℃；在30～45℃温度范围内，相对酶活力与温度呈正相关关系；温度在53℃以上（包括53℃）时，相对酶活力与温度呈负相关关系，在70℃时，相对酶活力达到最低17％。侧孢短芽孢杆菌所产蛋白酶的最适温度范围为46～49℃；在30～45℃温度范围内，相对酶活力与温度呈正相关关

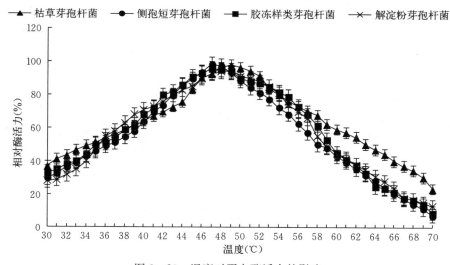

图3-20　温度对蛋白酶活力的影响

系；温度在 50 ℃以上（包括 50 ℃）时，相对酶活力与温度呈负相关关系。胶冻样类芽孢杆菌所产蛋白酶的最适温度范围为 46～52 ℃；在 30～46 ℃温度范围内，相对酶活力与温度呈正相关关系；温度在 52 ℃以上（包括 53 ℃）时，相对酶活力与温度呈负相关关系，在 70 ℃时，相对酶活力达到最低。解淀粉芽孢杆菌所产蛋白酶的最适温度范围为 45～50 ℃；在 30～45 ℃温度范围内，相对酶活力与温度呈正相关关系；温度在 50 ℃以上（包括 50 ℃）时，相对酶活力与温度呈负相关关系。

② pH 对蛋白酶活力的影响，如果以相对酶活力高于 90％作为蛋白酶的最适 pH 计算依据。由图 3-21 分析可知，枯草芽孢杆菌所产蛋白酶的最适 pH 范围为 6.0～7.0；pH 小于 6.0 时，相对酶活力与 pH 呈正相关关系，pH 为 5.0 时，相对酶活力为 58.4％，表明该酶有一定的抗酸性；pH 大于 7.0 时，相对酶活力与 pH 呈负相关关系，pH 为 8.5 时，相对酶活力降为 45.3％，表明该酶有一定的抗碱性。侧孢短芽孢杆菌所产蛋白酶的最适 pH 范围为 5.5～6.5；pH 小于 5.5 时，相对酶活力与 pH 呈正相关关系；pH 大于 6.5 时，相对酶活力与 pH 呈负相关关系，pH 为 8.5 时，相对酶活力降为 29.8％，表明该酶有一定的抗碱性。胶冻样类芽孢杆菌所产蛋白酶的最适 pH 范围为 6.0～7.0；pH 小于 6.0 时，相对酶活力与 pH 呈正相关关系，pH 为 5.0 时，相对酶活力为 60％，表明该酶有一定的抗酸性；pH 大于 7.0 时，相对酶活力与 pH 呈负相关关系，pH 为 8.5 时，相对酶活力降为 42％，表明该酶有一定的抗碱性。解淀粉芽孢杆菌所产蛋白酶的最适 pH 范围为 6.0～7.0；pH 小于 6.0 时，相对酶活力与 pH 呈正相关关系；pH 大于 6.0 时，相对酶活力与 pH 呈负相关关系，pH 为 8.5 时，相对酶活力最低，表明该酶有一定的抗碱性。

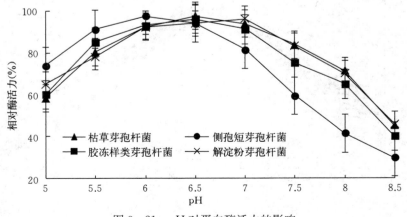

图 3-21　pH 对蛋白酶活力的影响

③ 紫外照射强度对蛋白酶活力的影响。如果以相对酶活力高于90％作为蛋白酶的最适温度计算依据，由图3-22分析可知，枯草芽孢杆菌所产蛋白酶最适紫外照射强度范围为35～40 μW/cm²；在15～35 μW/cm² 紫外照射强度范围内，该酶相对酶活力与紫外照射强度呈正相关关系，在35 μW/cm² 处，该酶相对酶活力达到峰值96.2％；在35～60 μW/cm² 紫外照射强度范围内，该酶相对酶活力与紫外照射强度呈负相关关系，在60 μW/cm² 处，相对酶活力降为55.7％。侧孢短芽孢杆菌所产蛋白酶的最适紫外照射强度范围为35～45 μW/cm²，在40 μW/cm² 的照射强度下，相对酶活力最高为96.7％；紫外照射强度小于35 μW/cm² 时，相对酶活力与紫外照射强度呈正相关关系，紫外照射强度为15 μW/cm²，相对酶活力为43.8％；紫外照射强度大于45 μW/cm² 时，相对酶活力与紫外照射强度呈负相关关系，紫外照射强度为60 μW/cm² 时，相对酶活力为48.2％。胶冻样类芽孢杆菌所产蛋白酶最适紫外照射强度范围为35～45 μW/cm²；在15～35 μW/cm² 紫外照射强度范围内，该酶相对酶活力与紫外照射强度呈正相关关系，在40 μW/cm² 处，该酶相对酶活力达到峰值；在35～60 μW/cm² 紫外照射强度范围内，该酶相对酶活力与紫外照射强度呈负相关关系，在60 μW/cm² 处，相对酶活力最低。解淀粉芽孢杆菌所产蛋白酶的最适紫外照射强度范围为35～40 μW/cm²，在40 μW/cm² 的照射强度下，相对酶活力最高为94％；紫外照射强度小于40 μW/cm² 时，相对酶活力与紫外照射强度呈正相关关系，紫外照射强度为15 μW/cm²，相对酶活力为50％；紫外照射强度大于45 μW/cm² 时，相对酶活力与紫外照射强度呈负相关关系，紫外照射强度为60 μW/cm² 时，相对酶活力为54％。

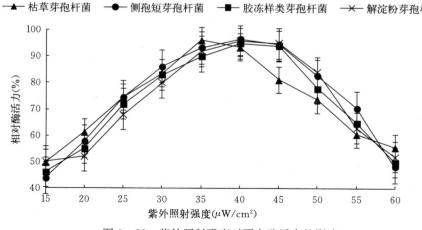

图3-22　紫外照射强度对蛋白酶活力的影响

④ 金属离子对蛋白酶活力的影响。由表 3 - 23 综合分析可得，Zn^{2+}、Mg^{2+} 对侧孢短芽孢杆菌所产蛋白酶有一定的激活作用，Hg^{2+}、As^{3+}、Cu^{2+} 及 EDTA 对该酶有一定的抑制作用；Ca^{2+}、Zn^{2+}、Mg^{2+} 及吐温 80 对枯草芽孢杆菌所产蛋白酶有一定的激活作用，Mn^{2+}、As^{3+}、Cu^{2+} 及 EDTA 对该酶有一定的抑制作用，其中 EDTA 对枯草芽孢杆菌蛋白酶的抑制作用强烈，推测该酶活性中心可能含有金属离子；Ca^{2+}、Zn^{2+}、Mg^{2+}、Na^+、K^+ 对胶冻样类芽孢杆菌产的蛋白酶有一定的激活作用，Mn^{2+}、As^{3+}、Cu^{2+}、As^{3+}、Pb^{3+} 对该酶有一定的抑制作用；Ca^{2+}、Zn^{2+}、Mg^{2+}、Na^+、Fe^{3+} 对解淀粉芽孢杆菌产的蛋白酶有一定的激活作用，Mn^{2+}、Hg^{2+}、As^{3+}、Cu^{2+}、As^{3+}、Li^+ 对该酶有一定的抑制作用。

表 3 - 23　金属离子对筛选出抗病性微生物菌株蛋白酶活力影响统计

金属离子	离子浓度 ($\mu mol/L$)	侧孢相对酶活力 (%)	枯草相对酶活力 (%)	胶冻相对酶活力 (%)	解淀粉相对酶活力 (%)	离子浓度 ($\mu mol/L$)	侧孢相对酶活力 (%)	枯草相对酶活力 (%)	胶冻相对酶活力 (%)	解淀粉相对酶活力 (%)
Mg^{2+}	1	135.2	126.3	131.5	121.4	10	141.7	131.7	135.1	123.8
Ca^{2+}	1	93.4	121.7	125.4	128.4	10	95.6	128.4	127.4	130.4
Na^+	1	96.1	90.9	122.3	121.9	10	97.9	93.4	125.1	126.1
Mn^{2+}	1	90.8	49.1	50.6	48.1	10	95.6	46.3	50.9	50.7
Zn^{2+}	1	119.5	135.6	131.1	116.3	10	126.3	141.8	129.4	119.4
Cu^{2+}	1	57.3	50.3	50.6	50.8	10	50.8	46.8	51.8	55.6
Fe^{3+}	1	96.2	97.3	86.4	129.4	10	94.8	98.3	88.4	126.1
Li^+	1	94.7	91.5	85.5	59.4	10	96.2	92.5	86.1	60.7
Hg^{2+}	1	40.3	95.1	47.3	60.3	10	37.6	96.7	44.9	61.7
As^{3+}	1	48.1	37.3	41.1	51.1	10	43.6	30.6	46.1	56.4
Pb^{3+}	1	90.8	93.4	50.7	80.3	10	93.2	94.8	60.1	80.7
K^+	1	96.7	90.8	140.3	88.7	10	94.7	96.2	138.5	90.1
Al^{3+}	1	93.8	96.1	90.3	80.3	10	98.0	92.8	91.6	96.3
EDTA	1	41.2	21.2	84.1	86.2	10	36.2	13.6	84.1	90.6
吐温80	1	97.3	126.4	80.8	88.2	10	99.1	121.6	80.6	90.1

（3）纤维素酶的酶学性质研究

① 温度对纤维素酶活力的影响。如果以相对酶活力高于 90% 作为纤维素酶的最适温度计算依据，由图 3 - 23 分析可知，枯草芽孢杆菌所产纤维素酶的最适温度范围为 48～52 ℃。在 30～50 ℃温度范围内，相对酶活力与温度呈正相关关系，在 50 ℃时，相对酶活力达到峰值 97.2%；温度在 50 ℃以上（包括 50 ℃）时，相对酶活力与温度呈负相关关系，在 70 ℃时，相对酶活力达到最

低 23.8%。侧孢短芽孢杆菌所产纤维素酶的最适温度范围为 47～49 ℃，在30～48 ℃温度范围内，相对酶活力与温度呈正相关关系，培养温度在 48 ℃时，相对酶活力达到峰值 98.2%；温度在 49 ℃以上（包括 49 ℃）时，相对酶活力与温度呈负相关关系，在 70 ℃时，相对酶活力将至 11.1%。胶冻样类芽孢杆菌所产纤维素酶的最适温度范围为 45～53 ℃；在 30～49 ℃温度范围内，相对酶活力与温度呈正相关关系，在 49 ℃时，相对酶活力达到峰值97.2%；温度在 49 ℃以上（包括 49 ℃）时，相对酶活力与温度呈负相关关系，在 70 ℃时，相对酶活力达到最低。解淀粉芽孢杆菌所产纤维素酶的最适温度范围为 45～48 ℃，在 30～48 ℃温度范围内，相对酶活力与温度呈正相关关系，培养温度在 48 ℃时，相对酶活力达到峰值；温度在 48 ℃以上（包括 48 ℃）时，相对酶活力与温度呈负相关关系，在 70 ℃时，相对酶活力最低。

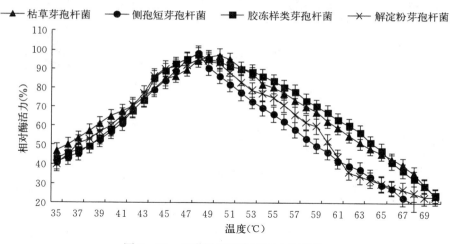

图 3-23　温度对纤维素酶活力的影响

② pH 对纤维素酶活力的影响。如果以相对酶活力高于 90% 作为纤维素酶的最适 pH 计算依据，由图 3-24 分析可知，枯草芽孢杆菌所产纤维素酶的最适 pH 范围为 5.0～6.5；在 pH3.5～6.0 的范围内，相对酶活力与 pH 呈正相关关系，在 pH6.0 处，相对酶活力达到峰值 98.2%；在 pH6.5～8.5 的范围内，相对酶活力与 pH 呈负相关关系，在 pH8.5 处，相对酶活力将至17.4%，表明该酶在强碱条件下，容易失活。侧孢短芽孢杆菌所产纤维素酶的最适 pH 范围为 6.0～7.0；在 pH3.5～6.5 的范围内，相对酶活力与 pH 呈正相关关系，在 pH6.5 处，相对酶活力达到峰值 97.3%；pH 大于 6.5 时，相对酶活力与 pH 呈负相关关系；pH 为 8.5、3.5 时，相对酶活力维持在 53%

左右，表明该酶有一定的抗酸、抗碱性。胶冻样类芽孢杆菌所产纤维素酶的最适 pH 范围为 6.0～7.0；在 pH3.5～6.6 的范围内，相对酶活力与 pH 呈正相关关系，在 pH6.5 处，相对酶活力达到峰值；在 pH6.5～8.5 的范围内，相对酶活力与 pH 呈负相关关系，在 pH8.5 处，相对酶活力最低，表明该酶在强碱条件下，容易失活。解淀粉芽孢杆菌所产纤维素酶的最适 pH 范围为 5.5～7.0；在 pH3.5～5.5 的范围内，相对酶活力与 pH 呈正相关关系，在 pH6.5 处，相对酶活力达到峰值；pH 大于 6.5 时，相对酶活力与 pH 呈负相关关系；pH 为 8.5、3.5 时，相对酶活力维持在 45％左右，表明该酶有一定的抗酸、抗碱性。

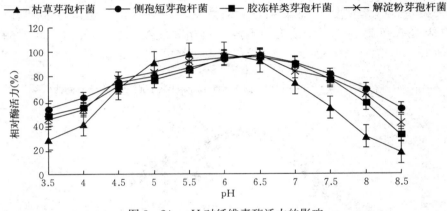

图 3 - 24　pH 对纤维素酶活力的影响

③ 紫外照射强度对纤维素酶活力的影响。如果以相对酶活力高于 90％作为纤维素酶的最适紫外照射强度的计算依据，由图 3 - 25 分析可知，枯草芽孢杆菌所产纤维素酶的最适紫外照射强度范围为 30～35 μW/cm²；在 15～35 μW/cm² 的范围内，相对酶活力与紫外照射强度呈正相关关系，在 35 μW/cm² 处，相对酶活力达到峰值 97.8％；在 35～60 μW/cm² 的范围内，相对酶活力与紫外照射强度呈负相关关系，在 60 μW/cm² 处，相对酶活力降为 30.7％。侧孢短芽孢杆菌所产纤维素酶的最适紫外照射强度范围为 30～35 μW/cm²；在 15～35 μW/cm² 的范围内，相对酶活力与紫外照射强度呈正相关关系，在 35 μW/cm² 处，相对酶活力达到峰值 95.7％；在 35～60 μW/cm² 的范围内，相对酶活力与紫外照射强度呈负相关关系，在 60 μW/cm² 处，相对酶活力降为 31.4％。胶冻样类芽孢杆菌所产纤维素酶的最适紫外照射强度范围为 30～45 μW/cm²；在 15～40 μW/cm² 的范围内，相对酶活力与紫外照射强度呈正相关关系，在 40 μW/cm² 处，相对酶活力达到峰值 94％；在 40～60 μW/cm² 的范围内，相对酶活力与紫外照射强度呈负相关关系，在 60 μW/cm² 处，相对酶活力降为

28%。解淀粉芽孢杆菌所产纤维素酶的最适紫外照射强度范围为 $30 \sim 45 \mu W/cm^2$；在 $15 \sim 45 \mu W/cm^2$ 的范围内，相对酶活力与紫外照射强度呈正相关关系，在 $40 \mu W/cm^2$ 处，相对酶活力达到峰值 94%；在 $40 \sim 60 \mu W/cm^2$ 的范围内，相对酶活力与紫外照射强度呈负相关关系，在 $60 \mu W/cm^2$ 处，相对酶活力最低。

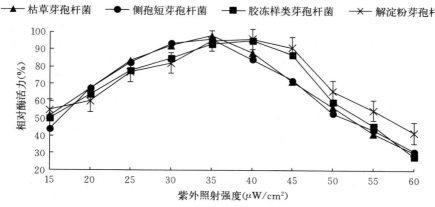

图 3-25 紫外照射强度对纤维素酶活力的影响

④ 金属离子对纤维素酶活力的影响。由表 3-24 综合分析可得，Ca^{2+}、Mg^{2+} 对枯草芽孢杆菌所产纤维素酶有一定的激活作用，Hg^{2+}、Cu^{2+}、Zn^{2+}、As^{3+} 对该酶有一定的抑制作用，特别是 Hg^{2+}、As^{3+} 存在的情况下，酶促反应无法进行；Ca^{2+}、Na^+、Mg^{2+}、Zn^{2+} 对侧孢短芽孢杆菌所产纤维素酶有一定的激活作用，Hg^{2+}、Cu^{2+}、As^{3+} 对该酶有一定的抑制作用，特别是 As^{3+} 存在的情况下，酶促反应无法进行；Ca^{2+}、Zn^{2+}、Mg^{2+}、Na^+、K^+ 对胶冻样类芽孢杆菌产的蛋白酶有一定的激活作用，Mn^{2+}、As^{3+}、Cu^{2+}、As^{3+}、Pb^{3+} 对该酶有一定的抑制作用；Ca^{2+}、Zn^{2+}、Mg^{2+}、Na^+、Fe^{3+} 对解淀粉芽孢杆菌产的蛋白酶有一定的激活作用，Mn^{2+}、Hg^{2+}、As^{3+}、Cu^{2+}、As^{3+}、Li^+ 对该酶有一定的抑制作用。

表 3-24 金属离子对筛选出抗病性微生物菌株纤维素酶活力影响统计

金属离子	离子浓度 ($\mu mol/L$)	侧孢相对酶活力 (%)	枯草相对酶活力 (%)	胶冻相对酶活力 (%)	解淀粉相对酶活力 (%)	离子浓度 ($\mu mol/L$)	侧孢相对酶活力 (%)	枯草相对酶活力 (%)	胶冻相对酶活力 (%)	解淀粉相对酶活力 (%)
Mg^{2+}	1	131.8	123.8	131.5	121.4	10	128.3	124.1	135.1	123.8
Ca^{2+}	1	147.2	136.2	125.4	128.4	10	141.8	129.5	127.4	130.4
Na^+	1	126.3	98.1	122.3	121.9	10	120.3	96.3	125.1	126.1
Mn^{2+}	1	90.8	90.5	50.6	48.1	10	91.6	95.2	50.9	50.7

（续）

金属离子	离子浓度（μmol/L）	侧孢相对酶活力（%）	枯草相对酶活力（%）	胶冻相对酶活力（%）	解淀粉相对酶活力（%）	离子浓度（μmol/L）	侧孢相对酶活力（%）	枯草相对酶活力（%）	胶冻相对酶活力（%）	解淀粉相对酶活力（%）
Zn^{2+}	1	116.9	71.6	131.1	116.3	10	109.2	68.6	129.4	119.4
Cu^{2+}	1	59.2	63.4	50.6	50.8	10	50.6	59.2	51.8	55.6
Fe^{3+}	1	95.4	93.4	86.4	129.4	10	96.2	94.2	88.4	126.1
Li^{+}	1	95.5	95.7	85.8	59.4	10	93.6	96.9	86.1	60.7
Hg^{2+}	1	48.3	26.1	47.3	60.3	10	39.5	20.7	44.9	61.7
As^{3+}	1	19.7	21.5	41.1	51.1	10	16.3	16.5	46.1	56.4
Pb^{3+}	1	96.1	96.4	50.6	80.3	10	94.3	91.7	60.1	80.7
K^{+}	1	99.7	92.7	140.3	88.7	10	98.1	95.1	138.5	90.1
Al^{3+}	1	98.9	98.1	90.3	93.4	10	94.5	96.1	91.6	96.3
EDTA	1	93.1	90.5	84.1	86.2	10	91.6	93.4	84.1	90.6
吐温80	1	92.8	91.5	80.8	88.2	10	90.7	95.2	80.6	90.1

（4）脂肪酶的酶学性质研究

① 温度对脂肪酶活力的影响。如果以相对酶活力高于90%作为脂肪酶的最适温度计算依据，由图3-26分析可知，枯草芽孢杆菌所产脂肪酶的最适温度范围为46～52 ℃；在30～49 ℃温度范围内，相对酶活力与温度呈正相关关系，在49 ℃处，相对酶活力达到峰值98.2%；在49～65 ℃温度范围内，相对酶活力与温度呈负相关关系，在65 ℃处，相对酶活力下降为27%。胶冻样类芽孢杆菌所产脂肪酶的最适温度范围为48～52 ℃；在30～48 ℃温度范围内，相对酶活力与温度呈正相关关系，在48 ℃处，相对酶活力达到峰值92%；在

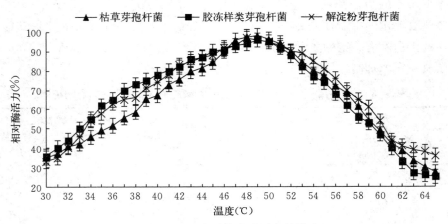

图3-26 温度对脂肪酶活力的影响

48～65 ℃温度范围内，相对酶活力与温度呈负相关关系，在 65 ℃处，相对酶活力下降到最低。解淀粉芽孢杆菌所产脂肪酶的最适温度范围为 48～52 ℃；在 30～49 ℃温度范围内，相对酶活力与温度呈正相关关系，在 49 ℃处，相对酶活力达到峰值 97％；在 49～65 ℃温度范围内，相对酶活力与温度呈负相关关系，在 65 ℃处，相对酶活力下降为 37％。

② pH 对脂肪酶活力的影响。如果以相对酶活力高于 90％作为脂肪酶最适 pH 的计算依据，由图 3-27 分析可知，枯草芽孢杆菌所产脂肪酶的最适 pH 范围为 6.0～7.5；在 pH5～6.5 的范围内，该酶相对酶活力与 pH 呈正相关关系，在 pH6.5 处，相对酶活力达到峰值 98.7％；在 pH6.5～8.5 的范围内，相对酶活力与 pH 呈负相关关系，在 pH4.2 处，相对酶活力降为 42.7％。胶冻样类芽孢杆菌所产脂肪酶的最适 pH 范围为 6.5～7.5；在 pH5～6.5 的范围内，该酶相对酶活力与 pH 呈正相关关系，在 pH7 处，相对酶活力达到峰值；在 pH7～8.5 的范围内，相对酶活力与 pH 呈负相关关系，在 pH8.5 处，相对酶活力降为 42.7％。解淀粉芽孢杆菌所产脂肪酶的最适 pH 范围为 7.0～8.0；在 pH5～7.5 的范围内，该酶相对酶活力与 pH 呈正相关关系，在 pH7.5 处，相对酶活力达到峰值；在 pH7.5～8.5 的范围内，相对酶活力与 pH 呈负相关关系，在 pH8.5 处，相对酶活力降为最低。

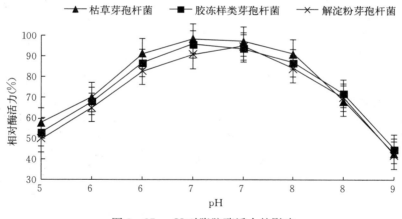

图 3-27 pH 对脂肪酶活力的影响

③ 紫外照射强度对脂肪酶活力的影响。如果以相对酶活力高于 90％作为脂肪酶最适紫外照射强度的计算依据，由图 3-28 分析可知，枯草芽孢杆菌所产脂肪酶的最适紫外照射强度范围为 35～40 μW/cm²；在 15～40 μW/cm² 的紫外照射范围内，该酶相对酶活力与紫外照射强度呈正相关关系，在 40 μW/cm² 处，相对酶活力达到最大值 93.7％；在 40～60 μW/cm² 的紫外照射强度范围内，相对酶活力与紫外照射强度呈负相关关系，在 60 μW/cm² 处相对酶活力降为

29%。胶冻样类芽孢杆菌所产脂肪酶的最适紫外照射强度范围为 35~45 $\mu W/cm^2$；在 15~45 $\mu W/cm^2$ 的紫外照射范围内，该酶相对酶活力与紫外照射强度呈正相关关系，在 45 $\mu W/cm^2$ 处，相对酶活力达到最大值 95%；在 45~60 $\mu W/cm^2$ 的紫外照射强度范围内，相对酶活力与紫外照射强度呈负相关关系，在 60 $\mu W/cm^2$ 处相对酶活力降为 29%。解淀粉芽孢杆菌所产脂肪酶的最适紫外照射强度范围为 35~45 $\mu W/cm^2$；在 15~40 $\mu W/cm^2$ 的紫外照射范围内，该酶相对酶活力与紫外照射强度呈正相关关系，在 40 $\mu W/cm^2$ 处，相对酶活力达到最大值；在 40~60 $\mu W/cm^2$ 的紫外照射强度范围内，相对酶活力与紫外照射强度呈负相关关系，在 60 $\mu W/cm^2$ 处相对酶活力降为最低。

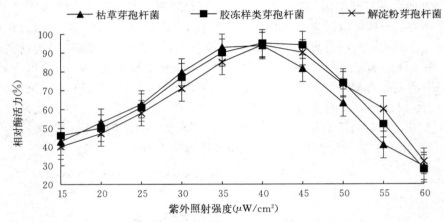

图 3-28 紫外照射强度对脂肪酶活力的影响

④ 金属离子对脂肪酶活力的影响。由表 3-25 综合分析可得，Mg^{2+} 对枯草芽孢杆菌所产脂肪酶有极大的促进作用，EDTA 对该酶存在明显的抑制作用，Ca^{2+}、Al^{3+}、Na^+、Mn^{2+}、Pb^{3+}、K^+、Zn^{2+} 对该酶的激活作用较小；Ca^{2+}、Zn^{2+}、Mg^{2+}、Na^+、K^+ 对胶冻样类芽孢杆菌产的蛋白酶有一定的激活作用，Mn^{2+}、As^{3+}、Cu^{2+}、As^{3+}、Pb^{3+} 对该酶有一定的抑制作用；Ca^{2+}、Zn^{2+}、Mg^{2+}、Na^+、Fe^{3+} 对解淀粉芽孢杆菌产的蛋白酶有一定的激活作用，Mn^{2+}、Hg^{2+}、As^{3+}、Cu^{2+}、As^{3+}、Li^+ 对该酶有一定的抑制作用。

表 3-25 金属离子对筛选出抗病性微生物菌株脂肪酶活力影响统计

金属离子	离子浓度($\mu mol/L$)	枯草相对酶活力(%)	胶冻相对酶活力(%)	解淀粉相对酶活力(%)	离子浓度($\mu mol/L$)	枯草相对酶活力(%)	胶冻相对酶活力(%)	解淀粉相对酶活力(%)
Mg^{2+}	1	173.6	131.5	125.4	10	182.1	135.1	123.8
Ca^{2+}	1	105.7	121.4	128.4	10	109.3	127.4	129.4

（续）

金属离子	离子浓度（μmol/L）	枯草相对酶活力（%）	胶冻相对酶活力（%）	解淀粉相对酶活力（%）	离子浓度（μmol/L）	枯草相对酶活力（%）	胶冻相对酶活力（%）	解淀粉相对酶活力（%）
Na^+	1	109.2	121.9	122.3	10	113.9	119.4	126.1
Mn^{2+}	1	113.8	50.6	48.1	10	125.1	50.9	50.7
Zn^{2+}	1	121.7	131.1	116.3	10	116.4	130.4	125.1
Cu^{2+}	1	93.4	50.6	50.8	10	95.3	51.8	55.6
Fe^{3+}	1	96.7	86.4	129.4	10	99.1	88.4	126.1
Li^+	1	98.2	85.5	59.4	10	96.4	86.1	60.7
Hg^{2+}	1	96.7	47.3	60.3	10	98.2	44.9	61.7
As^{3+}	1	93.9	41.1	51.1	10	96.5	46.1	56.4
Pb^{3+}	1	104.6	50.7	80.3	10	109.5	60.1	80.7
K^+	1	125.3	140.3	88.7	10	119.6	138.5	90.1
Al^{3+}	1	113.5	90.3	93.4	10	114.1	91.6	96.3
EDTA	1	25.7	84.1	86.2	10	16.8	84.1	90.6
吐温80	1	90.8	80.8	88.2	10	95.6	80.6	90.1

（5）几丁质酶的酶学性质研究

① 温度对几丁质酶活力的影响。如果以相对酶活力高于90%作为几丁质酶的最适温度计算依据，由图3-29分析可知，侧孢短芽孢杆菌所产几丁质酶的最适温度范围为44～48 ℃；在35～46 ℃温度范围内，该酶相对酶活力与温度呈正相关关系，在46 ℃处，相对酶活力达到峰值98.2%；在48～60 ℃温度

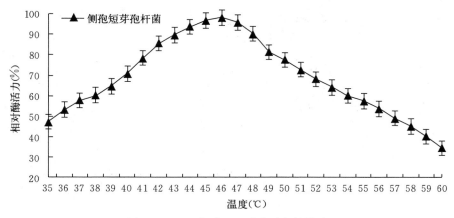

图3-29　温度对几丁质酶活力的影响

范围内，相对酶活力与温度呈负相关关系，在60℃处，相对酶活力降为34.7%。

②pH对几丁质酶活力影响。如果以相对酶活力高于90%作为几丁质酶的最适pH计算依据，由图3-30分析可知，侧孢短芽孢杆菌所产几丁质酶的最适pH范围为6.5～7.0℃；在pH3.5～7.0范围内，该酶相对酶活力与pH呈正相关关系，在pH7.0处，相对酶活力达到峰值98.7%，表明该酶适宜在中性环境中存在；在pH7.0～8.5范围内，相对酶活力与pH呈负相关关系，在pH8.5处，相对酶活力降为61.6%。

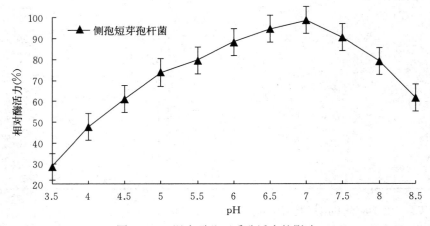

图3-30　温度对几丁质酶活力的影响

③紫外照射强度对几丁质酶活力的影响。如果以相对酶活力高于90%作为几丁质酶的最适紫外照射强度计算依据，由图3-31分析可知，侧孢短芽孢杆菌所产几丁质酶的最适紫外照射强度范围为35～40 $\mu W/cm^2$；在15～35 $\mu W/cm^2$

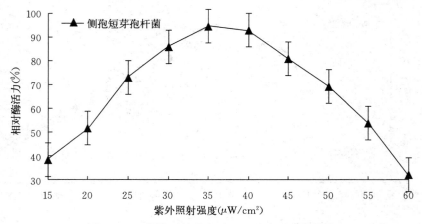

图3-31　紫外照射强度对几丁质酶活力的影响

范围内，相对酶活力与紫外照射强度呈正相关关系，在 $35~\mu W/cm^2$ 处，相对酶活力达到峰值 94.6%；在 $35\sim60~\mu W/cm^2$ 范围内，相对酶活力与紫外照射强度呈负相关关系，在 $60~\mu W/cm^2$ 处，相对酶活力降为 32.1%。

④ 金属离子对几丁质酶活力的影响。由表 3 - 26 综合分析可得，Ca^{2+}、Al^{3+}、Na^+、Zn^{2+}、Mg^{2+} 对侧孢短芽孢杆菌所产几丁质酶有一定的激活作用，Hg^{2+}、As^{3+}、Mn^{2+} 等金属离子对该酶有一定的抑制作用，特别是 Hg^{2+} 对酶活的抑制作用最为明显。

表 3 - 26 金属离子对筛选出抗病性微生物菌株几丁质酶活力影响统计

金属离子	侧孢短芽孢杆菌			
	离子浓度（$\mu mol/L$）	相对酶活力（%）	离子浓度（$\mu mol/L$）	相对酶活力（%）
Mg^{2+}	1	135.2	10	129.5
Ca^{2+}	1	121.8	10	116.2
Na^+	1	143.1	10	140.6
Mn^{2+}	1	45.9	10	38.2
Zn^{2+}	1	119.5	10	126.4
Cu^{2+}	1	93.2	10	96.4
Fe^{3+}	1	96.5	10	95.2
Li^+	1	98.3	10	97.2
Hg^{2+}	1	21.6	10	16.4
As^{3+}	1	43.6	10	35.1
Pb^{3+}	1	90.5	10	93.5
K^+	1	99.1	10	96.1
Al^{3+}	1	126.2	10	131.6
EDTA	1	91.4	10	93.5
吐温 80	1	92.7	10	95.1

4. 培养基及发酵条件优化研究

（1）发酵培养基

① 碳源确定。由表 3 - 27 可知，速效碳源对比显示，在添加量为 5% 的条件下，添加次粉的菌剂发酵产菌量优于葡萄糖的菌剂发酵产菌量；在添加量为 1% 的条件下，添加次粉与添加葡萄糖的菌剂发酵产菌量差异不大；在添加量为 2% 的条件下，添加次粉的菌剂发酵产菌量要明显优于添加葡萄糖的菌剂发酵产菌量。因此，选择 2% 次粉作为枯草芽孢杆菌、侧孢短芽孢杆菌、胶冻样类芽孢杆菌、解淀粉芽孢杆菌的速效碳源。

表3-27　12种碳源培养基对抗病性微生物菌株菌剂发酵产菌量统计

培养基编号	碳源种类	有效活菌（×10⁸ CFU/mL）			
		枯草芽孢杆菌	侧孢短芽孢杆菌	胶冻样类芽孢杆菌	解淀粉芽孢杆菌
1	5％次粉	78.2	68.3	61.4	87.6
2	5％葡萄糖	54.1	48.7	33.5	50.1
3	5％玉米面	81.6	78.3	73.8	90.6
4	5％水溶性淀粉	63.7	74.8	61.2	77.5
5	2％次粉	183.6	171.8	173.3	201.8
6	2％葡萄糖	96.5	83.7	81.9	93.3
7	2％玉米面	176.8	181.5	179.5	187.3
8	2％水溶性淀粉	105.3	98.2	91.3	101.6
9	1％次粉	42.7	40.7	39.4	44.5
10	1％葡萄糖	40.2	39.6	33.7	40.1
11	1％玉米面	43.7	39.6	42.4	45.9
12	1％水溶性淀粉	43.3	37.5	35.2	47.2

　　长效碳源对比显示，在添加量1％的条件下，添加玉米面与水溶性淀粉的菌剂发酵产菌量没有明显差异；在添加量5％的条件下，添加玉米面的菌剂发酵产菌量稍优于添加水溶性淀粉的菌剂发酵产量；在添加量2％的条件下，添加玉米面的菌剂发酵产菌量明显高于添加水溶性淀粉的菌剂发酵产菌量。因此，选择2％玉米面作为枯草芽孢杆菌、侧孢短芽孢杆菌、胶冻样类芽孢杆菌、解淀粉芽孢杆菌的长效碳源。

　　② 氮源确定。由表3-28可知，速效氮源对比显示，添加比例5％的条件下，添加蛋白胨的培养基菌剂发酵产菌量高于添加酵母膏的培养基；添加比例2％的条件下，添加酵母膏的培养基菌剂发酵产菌量高于添加蛋白胨的培养基，但不明显；添加比例1％的条件下，添加酵母膏的培养基菌剂产菌量高于添加蛋白胨的培养基，且在3个添加比例中，菌剂产菌量最高。因此，选择1％酵母膏作为枯草芽孢杆菌、侧孢短芽孢杆菌、胶冻样类芽孢杆菌、解淀粉芽孢杆菌的速效氮源。

表3-28　12种氮源培养基对抗病性微生物菌株菌剂发酵产菌量统计

培养基编号	氮源种类	有效活菌（亿 CFU/mL）			
		枯草芽孢杆菌	侧孢短芽孢杆菌	胶冻样类芽孢杆菌	解淀粉芽孢杆菌
1	5％蛋白胨	130.5	103.4	112.5	121.9
2	5％酵母膏	107.2	111.5	117.3	131.0

（续）

培养基编号	氮源种类	有效活菌（亿 CFU/mL）			
		枯草芽孢杆菌	侧孢短芽孢杆菌	胶冻样类芽孢杆菌	解淀粉芽孢杆菌
3	5%黄豆饼粉	116.3	98.6	90.5	121.4
4	5%麦麸	122.6	126.6	117.4	121.5
5	2%蛋白胨	98.9	115.9	108.3	121.4
6	2%酵母膏	104.4	116.2	112.7	120.6
7	2%黄豆饼粉	94.9	129.8	105.8	124.6
8	2%麦麸	132.2	147.1	141.8	165.9
9	1%蛋白胨	119.5	124.6	115.7	125.6
10	1%酵母膏	135.2	135.5	143.7	159.2
11	1%黄豆饼粉	89.6	72.3	85.3	90.9
12	1%麦麸	50.8	96.6	75.1	96.2

长效氮源对比显示，添加比例 5%、2%条件下，添加麦麸的培养基菌剂发酵产菌量均高于添加黄豆饼粉的培养基，且 2%麦麸添加量是所有处理中菌剂产菌量最高的；添加比例 1%条件下，添加黄豆饼粉的培养基菌剂发酵产菌量略高于添加麦麸的培养基，产菌量与 5%、2%添加比例的培养基相比较低。因此，选择 2%麦麸作为枯草芽孢杆菌、侧孢短芽孢杆菌、胶冻样类芽孢杆菌、解淀粉芽孢杆菌的长效氮源。

（2）最佳初始 pH　由图 3-32 分析可知，枯草芽孢杆菌在 pH4.5～6.5范围内，发酵产菌量与 pH 呈正相关关系，在 pH6.0、6.5 处，该菌发酵产菌

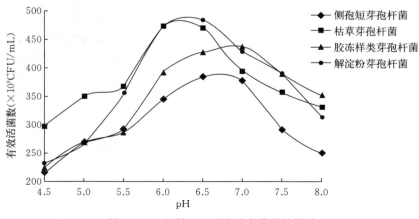

图 3-32　初始 pH 对发酵产菌量的影响

量差别不大，在 pH6.5 处，产菌量达到峰值，说明该菌适宜在微酸环境中繁殖；该菌在 pH6.5～8.0 范围内，发酵产菌量与 pH 呈负相关关系，在 pH8.0 处，该菌产菌量最低，说明该菌在碱性条件下不易繁殖。由此可得，枯草芽孢杆菌发酵最佳初始 pH 范围为 6.0～6.5。

侧孢短芽孢杆菌在 pH4.5～6.5 范围内，发酵产菌量与 pH 呈正相关关系，在 pH6.5 处，该菌产菌量达到峰值；在 pH6.5～8.0 范围内，该菌发酵产菌量与 pH 呈负相关关系；在 pH6.5、7.0 处，该菌发酵产菌量相差不大。因此，侧孢短芽孢杆菌的最佳初始 pH 范围为 6.5～7.0。

胶冻样类芽孢杆菌在 pH4.5～7.0 范围内，发酵产菌量与 pH 呈正相关关系，在 pH6.5、7.0 处，该菌发酵产菌量差别不大，在 pH7.0 处，产菌量达到峰值，说明该菌适宜在微酸或中性环境中繁殖；该菌在 pH7.0～8.0 范围内，发酵产菌量与 pH 呈负相关关系，在 pH8.0 处，该菌产菌量最低，说明该菌在碱性条件下不易繁殖。由此可得，枯草芽孢杆菌发酵最佳初始 pH 范围为 6.5～7.0。

解淀粉芽孢杆菌在 pH4.5～6.0 范围内，发酵产菌量与 pH 呈正相关关系，在 pH6.0、6.5 处，该菌发酵产菌量差别不大，在 pH6.5 处，产菌量达到峰值，说明该菌适宜在微酸或中性环境中繁殖；该菌在 pH6.5～8.0 范围内，发酵产菌量与 pH 呈负相关关系，在 pH8.0 处，该菌产菌量最低，说明该菌在碱性条件下不易繁殖。由此可得，枯草芽孢杆菌发酵最佳初始 pH 范围为 6.0～6.5。

（3）最佳发酵时间　由图 3-33 分析可知，枯草芽孢杆菌在 20～30 h 的发酵时间内，发酵产菌量与发酵时间呈正相关关系，在发酵时间 30 h 处，该

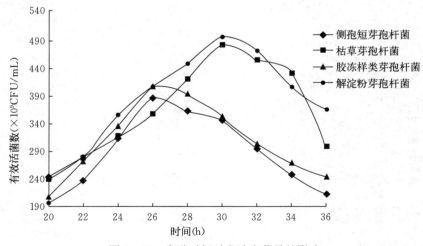

图 3-33　发酵时间对发酵产菌量的影响

菌发酵产菌量达到峰值；在 30~36 h 的发酵时间内，该菌发酵产菌量与发酵时间呈负相关关系。因此，枯草芽孢杆菌的最佳发酵时间为 30 h。

侧孢短芽孢杆菌在 20~26 h 的发酵时间内，发酵产菌量与发酵时间呈正相关关系，在发酵时间 26 h 处，该菌发酵产菌量达到峰值；在 26~36 h 发酵时间内，该菌发酵产菌量与发酵时间呈负相关关系。因此，侧孢短芽孢杆菌的最佳发酵时间为 26 h。

胶冻样类芽孢杆菌在 20~26 h 的发酵时间内，发酵产菌量与发酵时间呈正相关关系，在发酵时间 26 h 处，该菌发酵产菌量达到峰值；在 26~36 h 发酵时间内，该菌发酵产菌量与发酵时间呈负相关关系。因此，胶冻样类芽孢杆菌的最佳发酵时间为 26 h。

解淀粉芽孢杆菌在 20~30 h 的发酵时间内，发酵产菌量与发酵时间呈正相关关系，在发酵时间 30 h 处，该菌发酵产菌量达到峰值；在 30~36 h 的发酵时间内，该菌发酵产菌量与发酵时间呈负相关关系。因此，解淀粉芽孢杆菌的最佳发酵时间为 30 h。

（4）最佳发酵温度 由图 3-34 分析可知，枯草芽孢杆菌在 20~32 ℃发酵温度范围内，发酵产菌量与温度呈正相关关系，在发酵温度为 32 ℃处，该菌发酵产菌量达到峰值，但与发酵温度为 30 ℃时的产菌量差别不大；在 32~36 ℃发酵温度范围内，该菌发酵产菌量与发酵温度呈负相关关系。因此，枯草芽孢杆菌最佳发酵温度为 30~32 ℃。

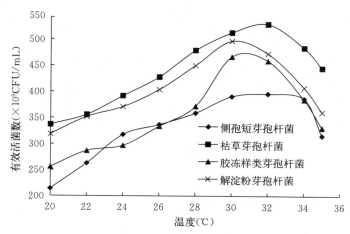

图 3-34 发酵温度对发酵产菌量的影响

侧孢短芽孢杆菌在 20~32 ℃发酵温度范围内，发酵产菌量与温度呈正相关关系，在发酵温度 32 ℃处，该菌发酵产菌量达到峰值；在 32~36 ℃发酵温度范围内，该菌发酵产菌量与温度呈负相关关系；在 20~36 ℃发酵温度范围内，30 ℃、32 ℃、34 ℃处该菌发酵产菌量相差不大。因此，侧孢短芽孢杆菌的最佳发酵温度为30～34 ℃。

胶冻样类芽孢杆菌在20～30 ℃发酵温度范围内，发酵产菌量与温度呈正相关关系，在发酵温度30 ℃处，该菌发酵产菌量达到峰值；在30～36 ℃发酵温度范围内，该菌发酵产菌量与温度呈负相关关系；在20～36 ℃发酵温度范围内，30 ℃、32 ℃处该菌发酵产菌量相差不大。因此，胶冻样类芽孢杆菌的最佳发酵温度为30～32 ℃。

解淀粉芽孢杆菌在20～30 ℃发酵温度范围内，发酵产菌量与温度呈正相关关系，在发酵温度30 ℃处，该菌发酵产菌量达到峰值；在30～36 ℃发酵温度范围内，该菌发酵产菌量与温度呈负相关关系；在20～36 ℃发酵温度范围内，30 ℃、32 ℃处该菌发酵产菌量相差不大。因此，解淀粉芽孢杆菌的最佳发酵温度为30～32 ℃。

（5）最佳接菌量　由图 3-35 分析可知，枯草芽孢杆菌接种量为 1.5%时，该菌有效活菌数出现拐点，以后随着接种量的增加，有效活菌数呈动态平衡的状态。考虑成本等因素，故选择 1.5%接种量作为枯草芽孢杆菌的最佳接种量。

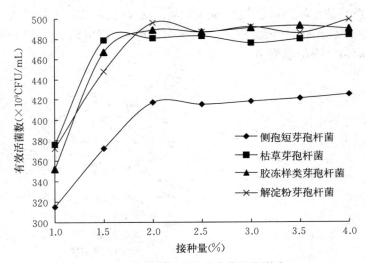

图 3-35　接菌量对发酵产菌量的影响

侧孢短芽孢杆菌接种量为 2%时，该菌有效活菌数出现拐点，以后随着接种量的增加，该菌有效活菌数呈动态平衡的状态。考虑成本等因素，故选择 2.0%接种量作为侧孢短芽孢杆菌的最佳接种量。

胶冻样类芽孢杆菌、解淀粉芽孢杆菌接种量为 2%时，该菌有效活菌数出现拐点，以后随着接种量的增加，该菌有效活菌数呈动态平衡的状态。考虑成本等因素，故选择 2.0％接种量作为胶冻样类芽孢杆菌、解淀粉芽孢杆菌的最佳接种量。

（6）最佳装液量　由图 3 - 36 分析可知，枯草芽孢杆菌在 20～50 mL 的装液范围内，有效活菌数与装液量呈正相关关系，在 50 mL 装液量处，该菌有效活菌数达到峰值，在 40～50 mL 范围内，该菌有效活菌数增速最快；在 50～100 mL 装液范围内，该菌有效活菌数与装液量呈负相关关系。因此，选择50 mL 装液量作为枯草芽孢杆菌的最佳装液量。

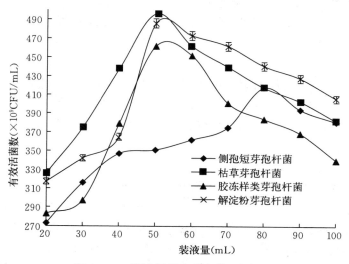

图 3 - 36　装液量对发酵产菌量的影响

侧孢短芽孢杆菌在 20～80 mL 装液范围内，有效活菌数与装液量呈正相关关系，在 80 mL 装液量处，该菌有效活菌数达到峰值；在 80～100 mL 装液范围内，该菌有效活菌数与装液量呈负相关关系。因此，选择 80 mL 装液量作为侧孢短芽孢杆菌的最佳装液量。

胶冻样类芽孢杆菌在 20～50 mL 装液范围内，有效活菌数与装液量呈正相关关系，在 50 mL 装液量处，该菌有效活菌数达到峰值；在 50～100 mL 装液范围内，该菌有效活菌数与装液量呈负相关关系。因此，选择 50 mL 装液量作为胶冻样类芽孢杆菌的最佳装液量。

解淀粉芽孢杆菌在 20～50 mL 装液范围内，有效活菌数与装液量呈正相关关系，在 50 mL 装液量处，该菌有效活菌数达到峰值；在 50～100 mL 装液范围内，该菌有效活菌数与装液量呈负相关关系。因此，选择 50 mL 装液量作为解淀粉芽孢杆菌的最佳装液量。

综上所述，枯草芽孢杆菌速效碳源为 2％次粉、长效碳源为 2％玉米面；

速效氮源为 1% 酵母膏、长效氮源为 2% 麦麸；最佳初始 pH 范围为 6.0～6.5；最佳发酵时间为 30 h；最佳发酵温度为 30～32 ℃；最佳接菌量为 1.5%；最佳装液量为 50 mL。

侧孢短芽孢杆菌速效碳源为 2% 次粉、长效碳源为 2% 玉米面；速效氮源为 1% 酵母膏、长效氮源为 2% 麦麸；最佳初始 pH 范围为 6.5～7.0；最佳发酵时间为 26 h；最佳发酵温度为 30～34 ℃；最佳接菌量为 2.0%；最佳装液量为 80 mL。

胶冻样类芽孢杆菌速效碳源为 2% 次粉、长效碳源为 2% 玉米面；速效氮源为 1% 酵母膏、长效氮源为 2% 麦麸；最佳初始 pH 范围为 6.5～7.0；最佳发酵时间为 26 h；最佳发酵温度为 30～32 ℃；最佳接菌量为 2%；最佳装液量为 50 mL。

解淀粉芽孢杆菌速效碳源为 2% 次粉、长效碳源为 2% 玉米面；速效氮源为 1% 酵母膏、长效氮源为 2% 麦麸；最佳初始 pH 范围为 6.0～6.5；最佳发酵时间为 30 h；最佳发酵温度为 30～32 ℃；最佳接菌量为 2.0%；最佳装液量为 50 mL。

5. 发酵菌液喷雾干燥工艺

（1）进风温度对产物活菌量的影响　喷雾干燥过程中，菌液经过雾化后与热空气接触干燥。由图 3 - 37 分析可知，在其他条件一定的情况下，随着进风温度的升高，载体中有效活菌数呈不断下降的趋势。进风温度越低，载体中有效活菌数越高，但是产物干燥不完全，会出现粘壁现象。温度高于 180 ℃时，载体中有效活菌数显著下降，表明高温对菌体存在一定的损伤。试验结果表明，适宜进风温度在 160～180 ℃温度区间内。

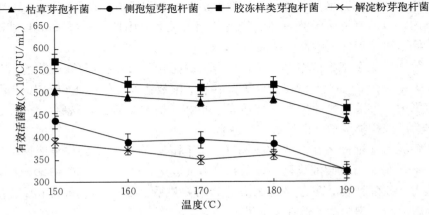

图 3 - 37　进风温度对产物活菌量的影响

（2）进样速度对产物活菌量的影响　由图 3－38 分析可知，在其他条件一定的情况下，载体中有效活菌数与进样速度呈正相关关系。进样速度太慢时，雾化口容易被堵塞，导致蒸发过度，出口温度太高，造成能量浪费和菌体死亡较快。进样速度达到 180 mL/h 时，产物活菌量达到最大值，但由于进样速度快，导致蒸发能力不足，样品干燥不完全，产生粘壁现象，且产物水分含量太高，不易保存。试验结果表明，喷雾干燥工艺的最佳进样速度范围为 170～180 mL/h。

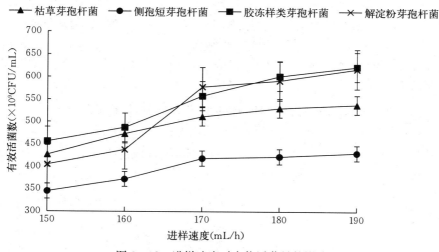

图 3－38　进样速度对产物活菌量的影响

（3）雾化压力对产物活菌量的影响　雾化压力决定着菌液雾滴大小，在其他条件一定的情况下，雾化压力增大可以提高雾化效果。由图 3－39 分析可知，产物活菌量与喷雾压力呈先增大后减少的趋势。雾化压力为 0.3 MPa 时，

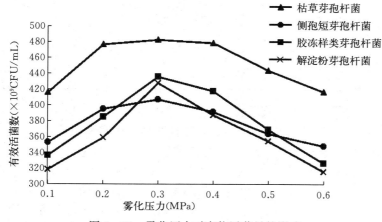

图 3－39　雾化压力对产物活菌量的影响

产物活菌量达最大值；雾化压力在 0.3～0.5 MPa 范围内，产物活菌量与雾化压力呈负相关关系；雾化压力大于 0.5 MPa 时，单纯增加雾化压力对产物影响不明显。综合考虑能耗经济指标，喷雾干燥工艺的最佳雾化压力范围为 0.2～0.4 MPa。

（4）正交试验　选择进风温度、进样速度和雾化压力为试验因素，设置 3 因素 3 水平正交试验，以产物活菌量作为试验指标，确定其最佳优化组合试验结果显示，影响产物活菌量的 3 个因素极差大小顺序为：进样速度＞雾化压力＞进风温度，进样速度是影响侧孢短芽孢杆菌、枯草芽孢杆菌、胶冻样类芽孢杆菌、解淀粉芽孢杆菌喷雾干燥产物活菌量的关键因素。由均值结果可知最佳水平组合为进风温度 180 ℃，进样速度 1 020 mL/h，雾化压力 0.3MPa（表 3-29）。

表 3-29　抗病性微生物菌剂生产实验条件正交试验结果与极差分析表

序号	进风温度（℃）	进样速度（mL/h）	雾化压力（MPa）	活菌量（$\times 10^{10}$ CFU/g）			
				枯草芽孢杆菌	侧孢短芽孢杆菌	胶冻样类芽孢杆菌	解淀粉芽孢杆菌
1	160	780	0.2	93.7	71.5	83.2	68.7
2	160	1 020	0.3	121.6	86.2	85.7	72.6
3	160	1 260	0.4	97.3	65.5	73.5	65.4
4	170	780	0.2	89.6	64.2	71.2	62.2
5	170	1 020	0.3	119.8	79.5	85.6	76.4
6	170	1 260	0.4	113.6	59.4	69.8	64.1
7	180	780	0.2	116.5	83.6	94.3	89.7
8	180	1 020	0.3	131.0	97.3	107.5	100.3
9	180	1 260	0.4	107.6	79.9	97.9	92.4
k_1	3.597	3.610	4.337	—	—	—	—
k_2	4.023	4.353	3.930	—	—	—	—
k_3	4.273	3.930	3.627	—	—	—	—
极差	0.676	0.743	0.710				

6. 微生物菌剂抗病性效果验证

在北京市延庆区绿菜园蔬菜专业合作社露地菜田和房山区良乡镇开展田间小区验证试验。小区面积为 27 m²，种植黄瓜（品种：津春 4 号）6 行，重复 3 次。分别将枯草芽孢杆菌，有效活菌数 1×10^{10} CFU/g；胶冻样类芽孢杆菌，有效活菌数 1×10^{10} CFU/g；侧孢短芽孢杆菌，有效活菌数 1×10^{10} CFU/g；解淀粉芽孢杆菌，有效活菌数 1×10^{10} CFU/g，与 8 kg 有机肥混合均匀使用，撒于播种沟内，移栽黄瓜苗，CK 单施有机肥 8 kg。

黄瓜蔓枯病调查。病情分级标准：0级，全株无病；1级，个别茎蔓发病；2级，1/3以下植株及叶片发病；3级，1/3～1/2植株及叶片发病；4级，几乎所有植株及叶片发病；5级，整株死亡。

$$病情指数 = \sum (各级发病株数 \times 各级代表值)/(调查总株数 \times 最高级代表值) \times 100\%$$

防治效果＝(对照病情指数－处理病情指数)/对照病情指数×100%

（1）微生物菌剂和有机肥复配使用对黄瓜产量的影响　对产量进行方差分析，F值为7 939.22，呈显著性差异。微生物菌剂与有机肥复配后，各处理产量均显著高于对照，其中以解淀粉芽孢杆菌有机肥复配的产量最高，比对照增产19.33%；枯草芽孢杆菌有机肥次之，比对照增产14.14%；胶冻样类芽孢杆菌有机肥较低，比对照增产9.56%；侧孢短芽孢杆菌有机肥的产量比对照增产5.44%。

（2）微生物菌剂复配有机肥防治黄瓜蔓枯病效果　黄瓜移苗后2个月，黄瓜蔓叶发生蔓枯病，病情指数调查结果表明，解淀粉芽孢杆菌、侧孢短芽孢杆菌、胶冻样类芽孢杆菌和枯草芽孢杆菌复配有机肥处理对黄瓜蔓枯病防治效果分别为92%、89.41%、83.76%和75.76%（表3-30）。

表3-30　抗病性微生物菌剂复配有机肥防治黄瓜蔓枯病效果

处理	病情指数	防治效果（%）
枯草芽孢杆菌＋生物有机肥	1.03	75.76
侧孢短芽孢杆菌＋生物有机肥	0.45	89.41
胶冻样类芽孢杆菌＋生物有机肥	0.69	83.76
解淀粉芽孢杆菌＋生物有机肥	0.34	92.00
CK	4.25	

（3）微生物菌剂复配有机肥防治黄瓜枯萎病效果　黄瓜枯萎病病情指数调查结果表明，胶冻样类芽孢杆菌、解淀粉芽孢杆菌、枯草芽孢杆菌和侧孢短芽孢杆菌复配有机肥防治枯萎病效果分别为85%、81%、76%和71%。

表3-31　抗病性微生物菌剂复配有机肥防治黄瓜枯萎病效果

处理	病情指数	防治效果（%）
枯草芽孢杆菌＋生物有机肥	0.67	75.76
侧孢短芽孢杆菌＋生物有机肥	1.12	71.41
胶冻样类芽孢杆菌＋生物有机肥	0.58	85.43
解淀粉芽孢杆菌＋生物有机肥	0.73	80.76
CK	3.39	

以研发应用抗病性微生物菌剂为核心，应用微生物发酵技术研发生产出一种以抗病为主要功能的微生物菌剂，以实现修复和改良土壤的目的，达到农作物增产高质的效果。

（二）全程减药病虫害综合防治技术

为降低田间防治设施蔬菜及果树上常见病虫害的药剂使用量，减少高毒农药的施用和其造成的环境污染，提出蓟马、叶螨、灰霉病及梨木虱等果蔬主要病虫害的科学选药技术，筛选出针对性病虫害防治高效低毒药剂，进行技术优化集成，提出科学选药轮换用药技术方案，制定减药技术规程。

1. 西花蓟马防治科学选药技术

西花蓟马是设施蔬菜上的重要害虫，也是抗性发展最为严重的害虫之一。西花蓟马对常用杀虫剂抗性监测表明，乙基多杀菌素是最有效的药剂，它的上一代产品多杀菌素的效果也仍然保留很好的毒力效果，大部分地区都没有产生明显的抗药性。多年连续监测结果发现，北京及山东地区西花蓟马对乙基多杀菌素的抗性水平均有不同程度上升，从而产生耐药性。鉴于此，开展新型防治药剂的筛选。

2017 年采集北京延庆区茂源广发、延庆区绿富隆、大兴区竣铭诚、朝阳区自然乐章及福建厦门、山东寿光的田间西花蓟马。蓟马采回后饲养于北京市农林科学院植物保护环境保护研究所室内种植的辣椒苗上，所有辣椒苗未施用过任何杀虫剂。养虫室内温度 25 ℃，相对湿度 70%，光照 16∶8（L∶D）。

供试 5 种药剂分别为乙基多杀菌素悬浮剂 60 g/L（美国陶氏益农有限公司）、吡虫啉 10%可湿性粉剂（河北威远生物化工股份有限公司）、20%啶虫脒可溶粉剂（深圳诺普信农化股份有限公司）、100 g/L 吡丙醚乳油（上海生农生化制品有限公司）、10%倍内威可分散油悬浮剂（美国杜邦公司）。

将供试农药制剂在预试验的基础上用纯净水稀释 8～10 个浓度，清水作为对照；原药先用少量丙酮完全溶解，再用含有 0.1% Trixon - 100 乳化剂的纯净水将药剂稀释 8～10 个浓度，用含同等体积的 Trixon - 100 清水为对照。选择新鲜平整的大椒叶片，参照张宗炳（1998）的方法，由低浓度向高浓度处理，将叶片在药液中浸泡 10 s，取出后自然晾干，叶片正面朝上夹于养虫器中。在叶片下方铺一张合适尺寸的滤纸，在滤纸上加适量蒸馏水保湿，用吸虫器将西花蓟马成虫移入玻璃板的圆孔中，加盖玻璃板，以铁夹固定。每个药剂浓度设 4 个重复，每个重复包含约 30 头西花蓟马成虫。将装有试虫的玻璃板置于温度为（25±1）℃、相对湿度 75%、光照为 16∶8（L∶D）的光照培养箱中，分别于 48 h 后观察记录存活情况，以毛笔轻触试虫，不动者视为死亡。以对照组死亡率控制在 10%以下为有效试验。用 PoloPlus 软件对数据进行统计整理，计算各处理死亡率和校正死亡率，求出毒力回归方程、杀死 50％防治对象药剂浓度（LC_{50}）及其 95％置信区间。

针对 2015 年发现的乙基多杀菌素是对西花蓟马最有效的药剂结果，为了监测田间西花蓟马对该药剂的抗性变化情况，2017 年继续开展田间西花蓟马对乙基多杀菌素的抗性水平监测，结果发现北京和寿光地区西花蓟马对乙基多杀菌素的抗性水平均有所上升（表 3-32），其中北京地区西花蓟马对乙基多杀菌素的抗性倍数为 0.23～8 倍，山东寿光地区西花蓟马对该药剂的抗性倍数上升至 23.65，但均未发展到高抗性水平，依然可以作为推荐用药。

表 3-32　2017 年乙基多杀菌素对田间西花蓟马的抗性监测结果

地点	虫数	斜率± 标准误	卡方值	自由度	LC_{50}（95％置信区间） (mg/L)	抗性倍数
北京延庆茂源广发	562	1.67±0.18	13.91	6	0.10（0.067～0.14）	1.18
北京延庆绿富隆	547	1.05±0.18	6.10	5	0.019（0.004 5～0.041）	0.23
北京大兴竣铭诚	236	2.76±0.44	0.58	3	0.24（0.18～0.30）	2.83
北京朝阳	316	1.75±0.40	5.31	3	0.68（0.24～1.07）	8.00
福建厦门	537	1.66±0.16	5.65	5	0.37（0.28～0.46）	4.36
山东寿光	545	1.19±0.15	1.54	5	2.01（1.21～2.89）	23.65
敏感种群	256	1.73±0.20	35.07		0.085（0.006 0～0.17）	1.00

2. 二斑叶螨防治高效药剂筛选与科学用药技术

二斑叶螨逐渐成为设施蔬菜和果树上的重要害虫害螨，盲目使用化学药剂进行防治导致农药面源污染。选择高效安全的药剂，可以从源头上减少化学药剂的使用。为筛选对目前生产上二斑叶螨高效的杀螨剂，分别于北京大兴、北京昌平、北京延庆、北京通州及浙江、河北、上海、山东、安徽、山西、四川、云南采集标本，接种于室内种植的洁净豆苗上，自然爬行至豆叶上，2～3 d后进行室内生测。

供试药剂为 43％的联苯肼酯（Bifenazate）悬浮剂（美国科聚亚公司）、94％的阿维菌素（Abamectin）原药、95％的螺螨酯（Spirodiclofen）原药和95％的哒螨灵（Pyridaben）原药。

所有药剂均采用改进的玻片浸渍法（Slide-dip method）进行测定。在载玻片的一端粘上 2 cm 宽的双面胶，用双面胶轻轻触碰密度较大叶片上的叶螨，使叶螨背面粘在双面胶上，放置 2 h 后，用解剖针剔除不活跃和死亡的个体，仅保留活跃的雌成螨，记录其数量，每个玻片保留 30～40 个个体。

首先用万分之一天平或微量移液器分别称取各药剂所需药量，用 10 mL

丙酮溶解，配成一定量的母液，在预试的基础上，将各药剂用纯净水（含0.1％ Triton X-100）按等比配制成7个系列浓度药液，并设不含药剂的相应的有机溶剂处理做空白对照，每药剂设8种处理。

将粘虫后的玻片浸入不同浓度的药剂中5 s后，放在室温下自然晾干后置于温度25 ℃、相对湿度75％、光照为16∶8（L∶D）的条件下，每24 h观察一次，用小号毛笔轻轻触碰虫体，四肢颤动的个体记为存活个体。连续观察3 d，记录每日活虫数。

2016年监测结果发现，房山、平谷、大兴、延庆、怀柔等种群均对联苯肼酯产生了抗药性，与敏感种群相比，抗性倍数为3.98～17.05（表3-33）。

表3-33　2016年北京地区田间二斑叶螨抗性监测结果

地区	斜率±标准误	LC$_{50}$（95％置信区间）（mg/L）	卡方值	抗性倍数
房山	1.26±0.07	30.12（25.80～36.22）	1.52	7.77
平谷	0.60±0.08	36.22（30.23～101.70）	3.73	9.33
大兴	0.71±0.09	66.12（43.16～128.95）	4.29	17.05
延庆	0.70±0.11	15.41（10.65～23.91）	0.81	3.98
怀柔	0.80±0.17	48.96（22.75～78.91）	1.26	12.62
敏感种群	0.83±0.10	3.88（1.18～7.32）	0.61	1.00

其中大兴竣铭诚基地的二斑叶螨种群对联苯肼酯的LC$_{50}$达到了66.12 mg/L。

2017年田间二斑叶螨对联苯肼酯的抗性水平进一步发展，北京市昌平地区3个调查种群的抗性倍数达到103.90～539.53 mg/L。安徽和云南种群对联苯肼酯的LC$_{50}$分别为129.19 mg/L和487.51 mg/L，其他地区二斑叶螨对联苯肼酯的LC$_{50}$也达到40.29～86.82 mg/L（表3-34）。

表3-34　2017年二斑叶螨抗性监测结果

地点	毒力回归方程	LC$_{50}$（95％置信区间）（mg/L）	标准误（SE）	相关系数	卡方值	抗性倍数
北京大兴竣铭诚	$y=3.05x+1.31$	116.83（97.46～152.12）	0.38	0.95	2.75	30.11
北京昌平万德园	$y=0.98x+2.06$	979.59（468.40～5 825.12）	0.22	0.95	2.26	252.48
北京昌平东营	$y=3.93x+5.25$	403.11（260.67～1 299.16）	0.46	0.89	22.31	103.90
北京昌平兴寿镇	$y=0.66x+2.80$	2 093.36（1 028.39～6 943.71）	0.09	0.90	10.61	539.53
北京延庆	$y=3.74x+0.98$	39.58（35.28～44.08）	0.34	0.99	2.34	10.21
北京通州	$y=3.22x+2.22$	173.7（143.99～219.58）	0.17	0.97	28.01	44.77

（续）

地点	毒力回归方程	LC_{50}（95％置信区间）（mg/L）	标准误（SE）	相关系数	卡方值	抗性倍数
浙江	$y=1.52x+2.53$	41.11（29.87～52.93）	0.21	0.90	11.21	10.60
河北	$y=2.02x+1.17$	76.93（48.82～114.81）	0.20	0.94	16.49	19.83
上海	$y=3.24x+0.89$	65.39（55.41～78.11）	0.56	0.99	0.23	16.86
山东日照	$y=3.70x+0.95$	40.29（35.22～45.76）	0.36	0.98	3.29	10.39
山东寿光	$y=2.03x+1.05$	86.82（67.88～129.29）	0.33	0.96	2.23	22.38
安徽	$y=2.70x-0.70$	129.19（107.99～163.17）	0.35	0.94	7.61	33.30
山西	$y=2.03x+1.36$	60.65（46.54～87.13）	0.37	0.98	0.79	15.64
四川	$y=2.13x+0.72$	487.51（269.32～2 610.36）	0.20	0.89	41.89	125.69
云南	$y=1.93x+1.58$	58.03（49.85～69.07）	0.19	0.95	8.54	14.96
敏感种群	$y=0.83x+1.58$	3.88（1.18～7.32）	0.10	0.98	0.61	1.00

3. 灰霉病菌科学用药技术研究

通过筛选高效安全杀菌剂，提出科学选药技术，提高化学防治效果，从源头减少杀菌剂的用量。北京地区 10 个地区所有灰霉菌株致死半数有效浓度（EC_{50}，Effective Concentration 50）值及平均 EC_{50} 值见表 3-35、表 3-36。

表 3-35　北京地区番茄灰霉病菌啶酰菌胺致死中浓度 EC_{50} 分布

采集地点	菌株数（株）	EC_{50} 范围（mg/L）	EC_{50} 平均值（mg/L）
通州	31	0.14～205.03	36.09
密云	33	3.11～773.18	40.76
海淀	6	0.90～32.81	8.53
丰台	4	3.74～17.86	10.80
朝阳	10	3.40～15.96	7.80
怀柔	8	2.43～87.84	23.59
大兴	23	4.00～62.84	25.91
平谷	28	0.53～27 172.42	992.12
顺义	13	0.70～36 745.30	3 376.39
房山	8	30.26～1 371.44	237.24
合计	164	—	—

表 3 - 36 北京地区番茄灰霉病菌啶酰菌胺抗药性菌株分布

单位：株

采集地点	菌株数	敏感菌株数	低抗药性菌株数	高抗药性菌株数	超高抗药性菌株数
通州	31	8	21	2	0
密云	33	15	6	1	0
大兴	23	6	17	0	0
平谷	28	17	8	2	1
顺义	13	4	6	1	2
朝阳	10	9	1	0	0
房山	8	0	6	1	1
怀柔	8	3	5	0	0
海淀	6	5	1	0	0
丰台	4	2	2	0	0
合计	164	69	73	7	4

由表 3 - 35 可看出，所有灰霉菌株 EC_{50} 范围为 $0.14 \sim 27\,172.42\,mg/L$。地区之间菌株敏感性有差异，由表 3 - 36 可知一半以上的菌株 EC_{50} 大于 $5\,mg/L$，个别菌株 EC_{50} 偏大达到高抗药性（7 株）与超高抗药性水平（4 株）。

根据 FAO（联合国粮食及农业组织）推荐的抗药性划分标准，参考张传清的敏感基线 [（1.07 ± 0.11）mg/L]，由表 3 - 36、表 3 - 37 结果可知，69 株为敏感菌株，73 株表现为低抗药性。敏感菌株所占比例 42.07%，低抗药性菌株所占比例 44.51%，低抗药性菌株所占的比例较大。部分地区存在高抗药性菌株，通州与平谷各 2 株，密云、顺义与房山各 1 株，超高抗药性菌株顺义 2 株，平谷与房山各 1 株，并且低抗药性菌株每个种植区均有分布（图 3 - 40）。以上结果说明北京地区番茄灰霉菌对啶酰菌胺的存在抗药性风险。

表 3 - 37 北京地区番茄灰霉病菌啶酰菌胺抗药性频率分布

采集地点	菌株数	抗药性菌株所占的比例（%）			
		敏感	低抗药性	高抗药性	超高抗药性
通州	31	25.81	67.74	6.45	0.00
密云	33	45.45	18.18	3.03	0.00
大兴	23	26.09	73.91	0.00	0.00
平谷	28	60.71	28.57	7.14	3.57
顺义	13	30.77	46.15	7.69	15.38
朝阳	10	90.00	10.00	0.00	0.00

（续）

采集地点	菌株数	抗药性菌株所占的比例（%）			
		敏感	低抗药性	高抗药性	超高抗药性
房山	8	0.00	75.00	12.50	12.50
怀柔	8	37.50	62.50	0.00	0.00
海淀	6	83.33	16.67	0.00	0.00
丰台	4	50.00	50.00	0.00	0.00
合计	164	42.07	44.51	4.27	2.44

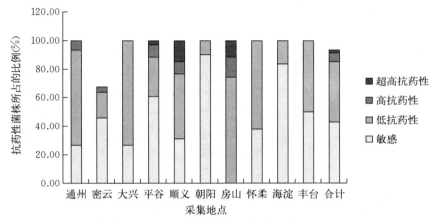

图 3-40　北京地区番茄灰霉病啶酰菌胺抗药性分布

4. 利用捕食螨的杀螨剂减量应用技术

通过生物防治的方法进行害虫防治，能够极大地减少或避免使用化学农药。为了建立二斑叶螨生物防治技术，首先测定了杀螨剂对捕食性天敌智利小植绥螨的安全性。供试二斑叶螨采集于北京市昌平区小汤山温室中的草莓苗上，采回后转移到洁净茄子苗（品种：布利塔）上，作为试虫在温室内繁殖饲养。智利小植绥螨为北京市农林科学院植物保护环境保护研究所室内饲养种群，以二斑叶螨为寄主，在养虫室内繁殖供试。供试药剂为美国科聚亚公司生产的43%的联苯肼酯悬浮剂。

进行成螨试验时，首先挑取发育一致的智利小植绥螨的卵，卵孵化后用二斑叶螨在 1.5 mL 离心管内进行单头饲养，大约经历 8 d 时间，直至发育至成螨以供测试。若螨试验采用第二若螨，试验方法和药剂处理浓度与成螨相同，并于处理后 24 h、48 h、72 h 和 96 h 调查智利小植绥螨的死亡情况。

将田间采集的二斑叶螨接种在室内种植的长有 4～5 片真叶的茄子苗上，二斑叶螨在苗上正常繁殖 2 周后，用放大镜逐叶统计每株苗上的成螨和若螨数量。试验共设置 3 种处理，捕食螨处理是用毛笔将室内饲养的智利小植绥螨成螨按照适宜的益害比 1∶30，轻轻挑至长有二斑叶螨的茄子苗上；联合处理按照与捕食螨处理相同比例进行投放，投放后立即用 43% 联苯肼酯悬浮剂 143 mg/L 进行叶面喷雾处理（田间推荐浓度，即 3 000 倍）；联苯肼酯处理是不投放智利小植绥螨，仅用 43% 联苯肼酯悬浮剂 143 mg/L 进行叶面喷雾处理，并设空白对照。每株为一个重复，每处理重复 10 次。将每株苗放在一个培养皿中，培养皿放置于塑料托盘中，盘中用水进行隔离，株距 10 cm。处理前基数调查，处理后每隔 1 d 调查一次，分别统计各株供试茄子苗上二斑叶螨和智利小植绥螨的数量，共调查 14 次。试验在密闭养虫室内进行，温度为 23～25 ℃，相对湿度为 60%～80%，光照 L∶D 为 16∶8。

试验结果表明，施药后 24 h、48 h、72 h 和 96 h，联苯肼酯 143 mg/L 对若螨致死率分别为 1.39%、2.53%、2.53% 和 2.53%，对照组若螨的死亡率分别为 0、1.25%、1.25% 和 1.25%，处理与对照差异不显著；施药后 24 h、48 h、72 h 和 96 h，联苯肼酯 143 mg/L 对成螨的致死率分别为 0、0.91%、0.91% 和 0.91%，对照组的致死率分别为 1.25%、0、1.25% 和 1.25%，二者之间也无显著性差异（t 检验的 P 值分别为 0.331、0.331、0.828 和 0.331）（表 3 - 38）。以上结果说明，联苯肼酯对智利小植绥螨毒性很低，具有较高的安全性。

表 3 - 38　联苯肼酯对智利小植绥螨死亡率影响的差异显著性比较

处理	若螨死亡率（%）				成螨死亡率（%）			
	24 h	48 h	72 h	96 h	24 h	48 h	72 h	96 h
联苯肼酯	1.39± 3.93A	2.53± 4.71A	2.53± 4.71A	2.53± 4.71A	0.00± 0.00A	0.91± 2.87A	0.91± 2.87A	0.91± 2.87A
对照	0.00± 0.00A	1.25± 3.54A	1.25± 3.54A	1.25± 3.54A	1.25± 3.95A	0.00± 0.00A	1.25± 3.95A	0.00± 0.00A

联苯肼酯处理后，智利小植绥螨每头雌螨 8 d 的平均产卵量为 15.08 粒/d，对照平均产卵量 15.45 粒/d，两者之间无显著性差异（$t=0.501$，$df=16$，$P=0.623\ 0$）；联苯肼酯处理后卵平均孵化率为 98.63%，对照平均孵化率 98.13%，两者之间无显著性差异（$t=-0.784$，$df=14$，$P=0.446$）。

联苯肼酯处理后，智利小植绥螨每头雌螨第 1 天的平均产卵量为 0.77 粒/d，对照的平均产卵量 0.22 粒/d，两者之间差异显著（$P<0.05$）。从第 2 天开始，二者之间无显著性差异，产卵量均不断提高，第 6 天时分别达 2.40 粒和 2.63 粒，随后产卵量开始下降（图 3 - 41）。以上结果说明，联苯肼酯对智利小植绥螨繁殖力无影响。

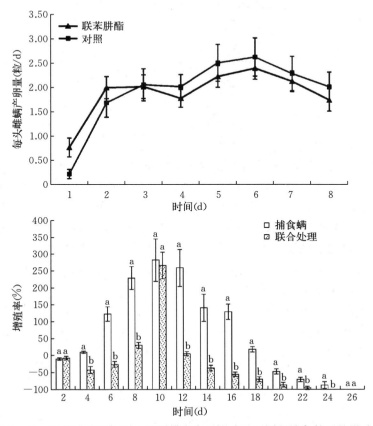

图 3-41　联苯肼酯对智利小植绥螨产卵量影响及不同释放条件下的增殖率

　　联苯肼酯与智利小植绥螨联合使用对二斑叶螨的防治效果见表 3-39。试验结果表明，单纯使用联苯肼酯、智利小植绥螨以及二者联合使用对二斑叶螨的控制效果存在很大差异。处理后第 2 天，43％联苯肼酯悬浮剂 143 mg/L 和联苯肼酯与智利小植绥螨联合处理的防效明显高于单纯释放植绥螨的防效，分别达到 94.33％和 97.35％，二者之间无显著性差异。联合处理的防效第 18 天时达 100％；而药剂处理区尽管防效不断提高，但随时间延续，螨口数量逐渐增长，防效在第 22 天时开始下降，第 26 天时为 96.28％，低于其他处理，$P < 0.05$ 水平上差异显著。尽管只释放智利小植绥螨对二斑叶螨的控制效果在第 2 天时明显低于药剂处理，为 29.79％，但随时间延长，防效不断提高，在第 22 天时达 100％。这说明单纯使用智利小植绥螨控制二斑叶螨，初期防治效率低于 43％联苯肼酯，后期比单独使用药剂处理的防治效果更为彻底（表 3-39）。

表 3 - 39   联苯肼酯与智利小植绥螨联用防治二斑叶螨效果

处理	第2天防效（%）	第6天防效（%）	第10天防效（%）	第14天防效（%）	第18天防效（%）	第22天防效（%）	第26天防效（%）
捕食螨	29.79c	77.88c	97.34a	98.92a	99.87a	100.00a	100.00a
联苯肼酯	94.33a	99.22a	99.69a	98.70a	99.05a	97.94a	96.28b
联合处理	97.35a	99.95a	98.03a	99.99a	100.00a	100.00a	100.00a
对照	—	—	—	—	—	—	—

为提高释放二斑叶螨天敌捕食螨的防治效果，进行精准、定量释放捕食螨，本研究设计制作了点动式捕食螨释放器。释放器在使用时先打开上盖，将混有捕食螨的基质装入释放器的主体内，盖好大盖，再打开螺口盖上的透气增压孔，去掉密封出口的密封套，按动点动按钮，即可释放捕食螨。捕食螨释放器，因为设有定量释放用不锈钢推料头及推料板，可提高释放量的准确性，减少因为人工抖放、撒放而发生的释放数量不均、释放不到位的现象，可多次重复使用。与常规释放方法相比较，该设备具有如下优点：原料价格低廉，使用方便，易于推广；操作简单，使用方便，适合在保护地释放捕食螨时使用；靠设有定量推料用不锈钢头及推料板，能够精准、定量、到位进行释放捕食螨；自重轻，体积小，便于使用和携带（图 3 - 42）。

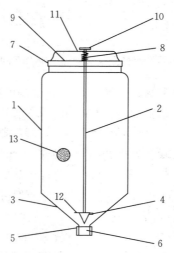

图 3 - 42   点动式捕食螨释放器的结构比例示意图

1. 释放器主体   2. 推料杆   3. 漏斗状下体   4. 推料头   5. 密封盖   6. 出料口
7. 主体大盖   8. 弹簧   9. 易开关的直径 2.5 cm 的透气增压孔   10. 点动释放按动钮
11. 释放器提手   12. 推料板   13. 混有捕食螨的基质

5. 果园梨木虱防治科学用药技术研究

梨木虱是梨园的重大害虫，频繁地使用杀虫剂进行防控是导致梨园面源污染的重要原因。为筛查对梨木虱高效的杀虫剂，提高防控效果，减少农药用量，以中国梨木虱（*P. chinensis*）为对象，在北京延庆阳光果园进行不同杀虫剂的防控效果研究。梨园为沙壤土，有机质含量为 3.09％，pH 为 7.06，肥力中等，树龄 15～20 年，品种为圆黄，种植密度为 4 m×5 m，管理水平中等，梨木虱发生严重。

供试药剂为 22％氟啶虫胺腈悬浮剂（Sulfoxaflor，美国陶氏益农公司）、60 g/L 乙基多杀菌素悬浮剂（Spinetoram，美国陶氏益农公司）和 240 g/L 螺虫乙酯悬浮剂（Spirotetramat，德国拜耳作物科学公司）。

试验设 5 种处理，22％氟啶虫胺腈悬浮剂 4 000 倍液、60 g/L 乙基多杀菌素悬浮剂 1 500 倍液、22％氟啶虫胺腈悬浮剂 4 000 倍液＋60 g/L 乙基多杀菌素悬浮剂 1 500 倍液混剂、240 g/L 螺虫乙酯悬浮剂 3 000 倍液和空白对照。两次试验分别在第一代卵孵化末期（4 月下旬）和第二代若虫期（6 月下旬）施药。均采用小面积试验，每种处理 16 棵树，分成 4 个区域，为 4 次重复。药械采用西班牙生产的没得比 16 L 电动背负式喷雾器，整株均匀喷药，喷药时以树冠内外叶片全部均匀着药、滴水为止，各处理平均单株用药液量约为 2.5 L。

本研究以卵和若虫为调查对象，调查方法按杀虫剂防治果树梨木虱试验准则进行。每种处理分成 4 个区域，每个区域标记 2 棵树，分别在东、西、南、北、内膛 5 个方位固定长约 15 cm 危害枝条挂牌统计虫口基数，共标记 10 个枝条，并分别于药后 3 d、7 d、14 d、21 d 调查活虫数，并记录对梨树有无药害。

根据田间调查结果，用下列公式计算出虫口减退率和防治效果，并用 Duncan 的新复极差测验法进行差异显著性分析。

虫口减退率＝（药前活虫数－药后活虫数）/药前活虫数×100％

防治效果＝（药剂处理区虫口减退率－空白对照区虫口减退率）/（100－
　　　　空白对照区虫口减退率）×100％

（1）一代卵孵化末期施药防治效果　卵孵化末期施药结果表明，240 g/L 螺虫乙酯悬浮剂药后 3 d 防效仅为 55.02％，施药后 7 d、14 d、21 d 的防效大幅度提高，分别为 95.39％、99.82％、100％，与其他药剂防效相比差异极显著（$P<0.01$）；22％氟啶虫胺腈悬浮剂、60 g/L 乙基多杀菌素悬浮剂及二者混合使用药后 3 d 的防效达到最高，分别为 71.74％、77.11％、79.02％，三种药剂处理的速效性优于 240 g/L 螺虫乙酯悬浮剂，但随着时间延长，三种药剂处理防效均有所下降，药后 21 d 的防效分别为 44.00％、46.32％、

54.94％，总体上表现为混剂防效优于单剂，而两种单剂之间防效差异不大（表3-40）。

表3-40 卵孵化末期施药田间防治梨木虱效果

供试药剂	药后 3 d		药后 7 d		药后 14 d		药后 21 d	
	活虫数（头）	防效（％）	活虫数（头）	防效（％）	活虫数（头）	防效（％）	活虫数（头）	防效（％）
60 g/L乙基多杀菌素悬浮剂	405	77.11 aA	480	69.73 bcBC	685	60.56 cC	861	46.32 cC
22％氟啶虫胺腈悬浮剂	450	71.74 aA	556	61.03 cC	712	54.44 cC	859	44.00 cC
60 g/L乙基多杀菌素悬浮剂＋22％氟啶虫胺腈悬浮剂混剂	361	79.02 aA	345	77.63 bB	524	68.98 bB	747	54.94 bB
240 g/L螺虫乙酯悬浮剂	784	55.02 bB	72	95.39 aA	3	99.82 aA	0	100.00 aA
对照	1 895	—	1 698	—	1 860	0	1 925	—

注：同列数据后不同大写字母表示处理间差异极显著（$P<0.01$），不同小写字母表示处理间差异显著（$P<0.05$）。

（2）若虫期施药防治效果　若虫期施药结果表明，240 g/L螺虫乙酯悬浮剂速效性较差，药后3 d的防效仅为42.66％，但持效性较好，药后7 d、14 d、21 d的防效分别达到90.25％、98.78％、99.42％。22％氟啶虫胺腈悬浮剂、60 g/L乙基多杀菌素悬浮剂及二者混合使用药后3 d的防效分别为44.60％、49.25％、59.34％，略高于240 g/L螺虫乙酯悬浮剂，但随着用药时间延长各处理防效均有所下降，药后21 d防效分别为38.60％、43.86％、47.02％，明显低于240 g/L螺虫乙酯悬浮剂的防效，差异极显著（$P<0.01$）。通过两次试验结果比较，各药剂处理防效总体上表现一致，但若虫期施药防效较卵孵化末期防效差（表3-41）。

表3-41 若虫期施药田间防治梨木虱效果

供试药剂	药后 3 d		药后 7 d		药后 14 d		药后 21 d	
	活虫数（头）	防效（％）	活虫数（头）	防效（％）	活虫数（头）	防效（％）	活虫数（头）	防效（％）
60 g/L乙基多杀菌素悬浮剂	582	49.25 bB	625	40.36 bB	645	44.35 cC	701	43.86 bB
22％氟啶虫胺腈悬浮剂	750	44.60 bB	725	41.40 bB	825	39.71 cC	905	38.60 bB
60 g/L乙基多杀菌素悬浮剂＋22％氟啶虫胺腈悬浮剂混剂	502	59.34 aA	598	46.99 bB	582	53.36 bB	712	47.02 bB
240 g/L螺虫乙酯悬浮剂	695	42.66 bB	108	90.25 aA	15	98.78 aA	4	99.42 aA
对照	1 311	—	1 198	—	1 325	0	1 455	—

注：同列数据后不同大写字母表示处理间差异极显著（$P<0.01$），不同小写字母表示处理间差异显著（$P<0.05$）。

6. 全程减药病虫综合防控技术规程

以上述研究结果为依据，根据日光温室蔬菜上病虫害蓟马、叶螨及灰霉病等的发生规律，采用有害生物综合治理原则，通过常见病虫害的科学选药技术筛选得到高效低毒药剂，并结合农业防治、生物防治等其他综合治理措施制定适用于北京市日光温室蔬菜常见病虫害的综合防治技术规程。

7. 全程减药技术集成示范验证

2016 年 2～6 月，在大兴区竣铭诚草莓种植基地进行技术示范与应用，通过技术实施，示范区内减少化学农药使用量 80％以上，部分试验区实现化学农药零使用，叶螨防控效果达 95％以上。

第三节　高氮、磷残留菜田土壤修复与利用技术

京津冀地区设施生产中氮、磷投入过量非常普遍，导致土壤高量累积，1 m 土体氮、磷盈余量高达 1 097 kg/hm² （N）和 900 kg/hm² （P_2O_5），环境流失面源污染风险较高，菜田地区地下水硝酸盐超标率近 40％（赵同科等，2007）。

查阅分析研究区域（北京市、天津市及河北省）关于高氮、磷土壤修复的相关文献，对文献中技术措施和土壤氮、磷养分前后变化数据进行汇总筛选分析，高氮、磷土壤修复典型技术措施主要有改变种植方式、推荐施肥及土壤调理技术等。

针对北京典型菜田土壤高氮、磷残留现状特征，从肥料类型和用量优化配比、微生物菌肥改善作物生长土壤环境及深/浅根系作物间套作农艺措施等方面解决土壤氮、磷高量残留导致的环境和生产问题。

一、有机无机肥配施减少氮、磷养分投入

根据养分循环和平衡理论，在基本保证产量的基础上，通过科学优化施肥调控，降低外源性养分比例和输入量，优化调控有机肥施用量，充分挖掘提高土壤本身残留氮、磷养分对作物的营养供给能力，有效降低高氮、磷残留土壤流失污染风险。

试验在北京市延庆区王木营蔬菜合作社温室进行。试验地所在区域为大陆性季风气候，平均海拔 500 m，气候独特，冬冷夏凉。从表 3 - 42 可以看出，试验小区土壤肥力达较高水平，具有较高的氮、磷含量。

表 3 - 42　有机无机肥配施试验区土壤 0～20 cm 土层基本理化性质

土壤类型	有机质 (g/kg)	全氮 (g/kg)	全磷 (g/kg)	硝态氮 (mg/kg)	铵态氮 (mg/kg)	有效磷 (mg/kg)	速效钾 (mg/kg)	pH
潮土	28.20	2.00	1.90	114	20	260	490	7.4

设施种植辣椒与番茄，品种分别为迪康与千禧，由山东寿光仁禾种业有限公司选育。施用肥料包括有机肥（有机质 38.6%，N 1.33%，P_2O_5 5.36%，K_2O 2.63%）、缓控释氮肥（N 40.24%）、过磷酸钙（P_2O_5 12%）、硫酸钾（K_2O 50%）。化肥用 CF 表示，有机肥用 OM 表示。设置 7 个处理：对照、100%有机肥（当地传统施肥量 105 t/hm²）、75%有机肥、50%有机肥、50%有机肥＋50%化肥、75%化肥、50%化肥（具体施肥量见表 3-43）。每个处理重复 3 次，随机区组排列，小区面积为 5 m×3 m。所有肥料均作为基肥一次性开沟施入。

表 3-43 有机无机肥配施试验处理施肥量

处理	代号	施肥量	小区施肥量
对照	CK	不施肥	不施肥
100%有机肥	100%OM	105.00 t/hm²	157.00 kg
75%有机肥	75%OM	78.75 t/hm²	118.00 kg
50%有机肥	50%OM	52.50 t/hm²	79.00 kg
50%有机肥＋50%化肥	50%OM＋50%CF	52.50 t/hm² 有机肥＋277 kg 纯 N，138 kg P_2O_5，415 kg K_2O	79 kg 有机肥＋0.41 kg 纯 N，0.21 kg P_2O_5，0.62 kg K_2O
75%化肥	75%CF	415 kg 纯 N，208 kg P_2O_5，623 kg K_2O	0.62 kg 纯 N，0.31 kg P_2O_5，0.93 kg K_2O
50%化肥	50%CF	277 kg 纯 N，138 kg P_2O_5，415 kg K_2O	0.41 kg 纯 N，0.21 kg P_2O_5，0.62 kg K_2O

（一）结果与分析

1. 施肥处理对辣椒和番茄产量的影响

从辣椒产量来看（表 3-44），与 CK 相比，100%OM 处理辣椒产量呈显著性增加，增幅为 57.85%，其他施肥处理下产量也呈增加的趋势，但都差异不显著。与 100%OM 处理相比，随有机肥与化肥施入量的减少，辣椒产量呈降低趋势，但差异不显著，其中 50%OM＋50%CF 处理产量降幅最小。肥料减量及有机肥化肥配施对辣椒的果长、果宽、单果重均无显著影响。

从番茄产量来看（表 3-44），与 CK 相比，100%OM 处理没有明显变化，差异不显著。与 100%OM 处理相比，产量随有机肥施用量减少呈逐渐增加的趋势，但差异不显著。75%CF、50%CF 处理与 CK、100%OM 处理都没有显著性差异。等量养分条件下，50%OM＋50%CF 处理显著高于 CK、100%OM 处理，增幅为 12.99%。以上结果说明，在高肥力土壤上，肥料用量 25%~50%减施条件下不会导致辣椒和产量的降低，配施磷、钾肥条件下，氮肥的减施甚至还有增加二者产量的作用，有机无机肥料配施效果更佳。

表 3-44 有机无机肥配施不同施肥处理对辣椒和番茄产量的影响

处理	辣椒				番茄			
	果长 (cm)	果宽 (cm)	单果重 (g)	产量 (t/hm²)	果长 (mm)	果宽 (mm)	单果重 (g)	产量 (t/hm²)
CK	18.88a	3.87a	76.61a	42.85b	39.18a	26.31a	17.59b	56.31bc
100%OM	20.17a	3.93a	74.02a	67.64a	40.24a	26.38a	22.11ab	55.65bc
75%OM	19.81a	3.81a	74.66a	54.10ab	39.48a	26.78a	21.24ab	60.41ab
50%OM	19.49a	3.74a	78.15a	51.66ab	39.24a	26.70a	21.55ab	60.57ab
50%OM+50%CF	20.46a	3.83a	83.04a	56.40ab	41.06a	27.07a	28.90a	62.88a
75%CF	20.81a	3.80a	79.79a	48.07ab	37.15a	26.53a	20.38b	59.46ab
50%CF	19.84a	3.88a	79.69a	47.54ab	39.47a	26.67a	20.32b	53.84c

注：同列不同小写字母表示处理间差异达 5% 显著水平（$P<0.05$），下表同。

2. 施肥处理对土壤肥力的影响

（1）对土壤中硝态氮含量的影响 从图 3-43 可以看出，与 CK 相比，所有施肥处理种植辣椒条件下 0~20 cm 土层土壤硝态氮含量都呈显著性地升高，50%OM+50%CF 处理增幅最大为 5.67 倍，极显著高于其他施肥处理；随土壤深度的增加而下降，但 50%OM+50%CF 处理 20~40 cm 土层土壤硝态氮含量也显著高于其他施肥处理；100%OM 处理 60~80 cm 土层土壤硝态氮含量显著高于其他施肥处理，其他施肥处理之间没有显著差异；80 cm 以下土层各处理之间差异不显著。

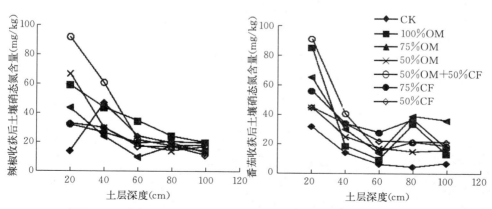

图 3-43 有机无机肥配施不同施肥处理作物收获后土壤硝态氮含量

种植番茄条件下，与 CK 相比，施肥都显著增加了 0～20 cm 土层土壤硝态氮含量，100%OM、50%OM＋50%CF 增幅较大，显著高于其他施肥处理，二者之间差异不显著，增幅分别为 1.68 倍和 1.86 倍。50%OM＋50%CF 处理 20～40 cm 土层土壤硝态氮含量显著高于 CK、100%OM 处理。80～100 cm 土层所有施肥处理硝态氮含量都显著高于 CK，是 CK 的 2.25～5.20 倍。

以上结果说明，高肥力土壤上，长期大量施肥促进了硝态氮向深层土壤淋失，有机无机配施可以使更多的硝态氮保留在表层土壤提供作物生长需求，降低硝态氮向深层土壤淋洗损失的风险。

（2）对土壤中有效磷含量的影响　从表 3－45 土壤有效磷含量变化来看，种植辣椒条件下，与 CK 相比，100%OM、75%OM、50%OM＋50%CF 等高量施肥处理呈增加的趋势，其中以 50%OM＋50%CF 增幅最大，三者之间差异不显著；50%OM、75%CF、50%CF 处理呈降低趋势，但差异都不显著。种植番茄条件下，与 CK 相比，100%OM、75%OM、50%OM＋50%CF 等高量施肥处理呈显著性增加，增幅分别为 33.44%、27.58%、36.85%，三者之间差异不显著；50%OM、75%CF、50%CF 处理也呈增加趋势，但差异都不显著。以上结果说明，高肥力土壤上，大量施肥除满足蔬菜吸收外，有显著增加土壤有效磷含量的作用。

表 3－45　有机无机肥配施不同施肥处理土壤有效磷含量变化

单位：mg/kg

处理	辣椒收获	番茄收获
CK	257.77±23.80a	254.85±24.06c
100%OM	272.40±70.42ab	340.06±27.49ab
75%OM	291.91±53.29ab	325.13±5.60ab
50%OM	244.36±5.49a	294.04±55.02abc
50%OM＋50%CF	316.91±40.13b	348.77±58.18a
75%CF	244.97±13.73a	282.84±10.28abc
50%CF	243.75±36.32a	280.97±21.79bc

（3）对土壤中速效钾含量的影响　种植辣椒条件下（表 3－46），与 CK 相比，100%OM、75%OM、50%OM＋50%CF 等高量施肥处理呈显著性增加，增幅分别为 79.33%、68.27%、103.84%，三者之间差异不显著；50%OM、75%CF、50%CF 处理变幅差异不显著，甚至呈下降趋势。

表 3-46　有机无机肥配施不同施肥处理土壤速效钾含量变化

单位：mg/kg

处理	辣椒收获	番茄收获
CK	346.67±140.92cd	390.00±138.92b
100%OM	621.67±109.70ab	845.83±88.68a
75%OM	583.33±99.29ab	825.00±152.07a
50%OM	498.33±55.08bc	646.67±234.59ab
50%OM+50%CF	706.67±88.08a	783.33±142.16a
75%CF	406.67±88.93cd	679.17±238.59ab
50%CF	296.67±53.04 d	600.00±90.14ab

番茄种植条件下，与 CK 相比，100%OM、75%OM、50%OM+50%CF 等高量施肥处理呈显著性增加，增幅分别为 116.88%、111.54%、100.85%，三者之间差异不显著；50%OM、75%CF、50%CF 处理也呈增加趋势，但变幅差异不显著。以上结果说明，高肥力土壤上高量施肥处理除满足辣椒、番茄蔬菜生长养分需求外，还导致土壤中速效钾大量累积，长期条件下肥料 25% 减量施用是可行的。

3. 施肥处理种植辣椒、番茄经济效益分析

从表 3-47 种植辣椒经济效益分析来看，与 CK 相比，施肥条件下辣椒纯经济收益大幅增加，100%OM 处理增幅最大，增加了近 1.3 倍。与 100%OM 处理相比，75%OM、50%OM、50%OM+50%CF、75%CF、50%CF 处理纯经济收益分别减少 32.12%、37.14%、28.71%，但都显著高于 CK，他们之间差异不显著；75%CF、50%CF 处理分别减少 48.74%、48.50%，与 CK 没有明显差异，二者之间差异不显著。

表 3-47　有机无机肥配施不同施肥处理辣椒的经济效益

处理	产值 （万元/hm²）	肥料 （万元/hm²）	水电 （万元/hm²）	种子、人工及其他 （万元/hm²）	纯收益 （万元/hm²）	较CK增收 （%）
CK	29.99	0	0.30	17.30	12.39	0
100%OM	47.35	1.05	0.30	17.30	28.70	131.58
75%OM	37.87	0.79	0.30	17.30	19.48	57.21
50%OM	36.17	0.53	0.30	17.30	18.04	45.53
50%OM+50%CF	39.48	1.42	0.30	17.30	20.46	65.12
75%CF	33.65	1.34	0.30	17.30	14.71	18.68
50%CF	33.28	0.90	0.30	17.30	14.78	19.26

注：辣椒价格按 7 元/kg，番茄价格按 7 元/kg，尿素 2.0 元/kg，过磷酸钙 1.2 元/kg，硫酸钾 7.5 元/kg，有机肥 1.5 元/kg 计算。

从表 3-48 种植番茄经济效益分析来看，与 CK 相比，100％OM 处理呈下降趋势。与 100％OM 相比，75％OM、50％OM、50％OM＋50％CF 处理增幅分别为 19.56％、21.58％、25.54％，三者之间差异不显著；75％CF、50％CF 处理则没有明显差异。

以上结果说明，有机肥 50％减量施用对辣椒和番茄经济收益影响不大，但是有机无机配施有增加经济收益的作用。

表 3-48　有机无机肥配施不同施肥处理番茄的经济效益

处理	产值 （万元/hm²）	肥料 （万元/hm²）	水电 （万元/hm²）	种子、人工及其他 （万元/hm²）	纯收益 （万元/hm²）	较 CK 增收 （％）
CK	39.42	0	0.30	19.20	19.92	0
100％OM	38.95	1.05	0.30	19.20	18.40	−7.60
75％OM	42.29	0.79	0.30	19.20	22.00	10.43
50％OM	42.40	0.53	0.30	19.20	22.37	12.28
50％OM＋50％CF	44.02	1.42	0.30	19.20	23.10	15.96
75％CF	41.62	1.34	0.30	19.20	20.78	4.33
50％CF	37.69	0.90	0.30	19.20	17.29	−13.21

（二）小结

有机无机肥配施情况下，施肥量减少 25％～50％时，辣椒和番茄产量没有显著下降。有机无机肥减量配施在满足作物生长对养分需求的同时，可降低菜田土壤中硝态氮累积和淋溶的风险，土壤中有效磷和速效钾含量无显著性变化。

二、土壤残留氮、磷生物调控高效利用

利用微生物菌剂产品开展有机肥减量及微生物菌剂配施对调节土壤氮、磷含量变化和作物产量变化的影响效果试验，以期探明微生物增加作物吸收能力机制。以北京地区主要设施菜田有机农业生产中有机肥料常用量约为 105 t/hm² 为基础（100％M），依次设置 90％M、80％M、70％M、60％M 和 50％M 减量处理，以不施肥为对照（CK）。同时在有机肥减量处理中分别配施 2.25 L/hm²（T1）、4.5 L/hm²（T2）（稀释 2 000 倍）2 个用量微生物菌剂，盆栽种植快菜。从表 3-49 可以看出，供试土壤具有较高的氮、磷、钾含量。

表 3-49　微生物菌剂调控供试土壤基本理化性质

全氮 （g/kg）	全磷 （g/kg）	有机质 （g/kg）	碱解氮 （mg/kg）	有效磷 （mg/kg）	速效钾 （mg/kg）	pH
1.62	1.30	15.14	310.89	162.48	530	6.85

（一）对快菜生长单株重的影响

由图 3-44 所示，单施有机肥条件下，100％M 处理下快菜单株重最小为 59.04 g，显著低于不施肥 CK，降幅为 33.74％。

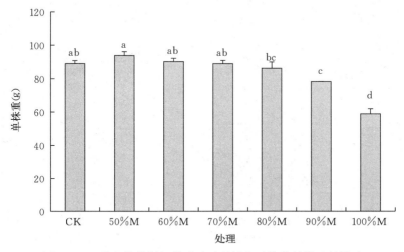

图 3-44　微生物菌剂调控试验减量施肥对快菜单株重的影响

与 100％M 处理相比，随有机肥用量减少快菜单株重呈显著性增加，90％M、80％M、70％M、60％M、50％M 处理增幅分别为 32.86％、46.24％、50.90％、52.91％，有机肥 20％～50％减量处理产量与 CK 没有显著差异。以上结果说明，高肥力土壤上有机肥 50％减量处理对快菜产量影响不大。

从图 3-45 可以看出，有机肥减量配施微生物菌剂有增加快菜单株重的作用，尤其是 50％M、60％M、70％M 减量配施 T2 用量处理增幅明显，与单施有机肥处理相比，增幅分别为 4.96％、10.41％、5.47％，80％M、90％M 减量施肥处理增幅差异不显著。

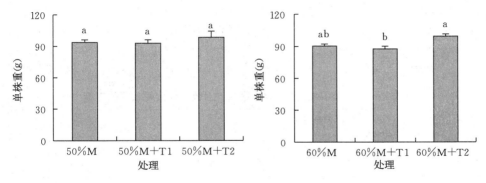

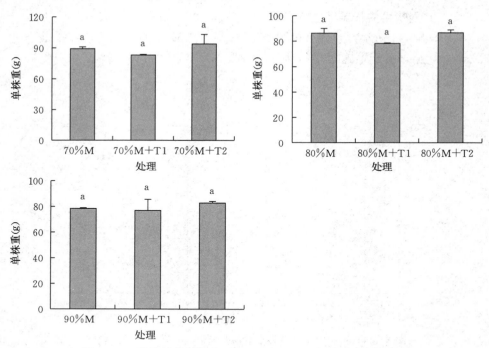

图 3-45　微生物菌剂调控试验微生物菌剂对快菜单株重的影响

以上结果说明，高肥力土壤上微生物菌剂具有促进高减量施肥条件下快菜生长的作用。

（二）对快菜养分吸收量的影响

对减量施用有机肥配施微生物菌剂对快菜吸收氮、磷、钾数据进行统计分析结果表明（表 3-50），100M％处理每盆快菜氮、磷、钾吸收量最低分别为405.12 mg、89.51 mg 和 1 018.34 mg，都显著低于 CK。在单施有机肥的情况下，吸氮量随有机肥使用量减少先增加而后减少，60％M 处理每盆快菜吸氮量最高为 814.33 mg，与 100％M 相比增加 1 倍多，50％M 处理尽管有所下降，仍呈显著性增加，增幅为 88.52％。吸磷量随有机肥使用量减少也呈先增加而后减少的变化趋势，与 CK 相比差异都不显著，其中 60％M、80％M 处理显著高于 100％M 处理。与 100％M 处理相比，有机肥 10％～50％减量处理吸钾量都显著高于 100％M 处理，与 CK 相比有增加趋势，但都差异不显著。

表 3-50　微生物菌剂调控减量施肥对快菜养分吸收量的影响

处理	吸氮量（mg）	吸磷量（mg）	吸钾量（mg）
CK	866.93±22.11a	123.50±12.75a	1 322.08±118.11a
100％M	405.12±89.81e	89.51±10.06b	1 018.34±158.65b

（续）

处理	吸氮量（mg）	吸磷量（mg）	吸钾量（mg）
50％M	763.73±97.13abcd	108.42±18.98ab	1 546.24±189.37a
50％M＋T1	813.99±97.14abc	125.80±7.04a	1 569.71±137.41a
50％M＋T2	814.38±69.26abc	133.02±11.59a	1 589.2±165.7a
60％M	814.33±107.72abc	118.63±18.00a	1 494.28±153.07a
60％M＋T1	829.19±123.54ab	117.34±17.36a	1 413.34±139.56a
60％M＋T2	800.92±81.52abc	106.93±7.45ab	1 342.33±136.91a
70％M	798.61±125.77abc	113.83±4.7ab	1 380.71±79.19a
70％M＋T1	769.39±161.28abcd	106.78±6.55ab	1 358.85±150.01a
70％M＋T2	770.13±26.21abcd	117.63±10.32a	1 497.95±97.65a
80％M	592.58±4.47cde	125.20±2.63a	1 560.66±57.19a
80％M＋T1	562.72±86.27de	106.84±5.25ab	1 470.78±97.56a
80％M＋T2	664.28±100.09abcd	112.23±18.52ab	1 551.11±246.81a
90％M	627.24±76.83bcd	113.92±4.14ab	1 536.18±54.58a
90％M＋T1	756.23±119.73abcd	118.57±10.99a	1 479.91±208.8a
90％M＋T2	790.77±74.08abc	119.78±7.18a	1 530.52±55.28a

添加微生物菌剂情况下，有机肥施用量在 50％时，微生物菌剂能够提高快菜植株氮、磷、钾吸收量，T1 和 T2 处理分别增加 6.58％和 6.63％、16.03％和 22.69％、1.52％和 2.78％。随有机肥用量增加，微生物菌剂对快菜对氮、磷、钾养分吸收量影响逐渐降低。

（三）对土壤氮、磷含量的影响

1. 对土壤硝态氮含量的影响

将快菜试验的土壤分为根部和根下两层进行采集，对土壤硝态氮含量数据进行统计分析（图 3-46、图 3-47）。与 CK 相比，100％M 处理根层和根下层土壤硝态氮含量显著升高，增幅分别为 39.09％和 43.14％。在单施有机肥的情况下，根层和根下层土壤硝态氮含量随有机肥用量减少呈显著性降低。与 50M％单施有机肥相比，50％M＋T1、50％M＋T2 处理快菜根层和根下层土壤硝态氮含量都呈显著性降低，降幅分别为 47.52％和 56.79％、56.63％和 49.47％；70％ M、80％ M、90％ M 与分别添加 T1、T2 用量处理都没有显著性差异，甚至有升高的趋势。以上结果说明，施肥量减少降低了土壤硝态氮含量，添加微生物菌剂有降低土壤硝态氮含量的作用。

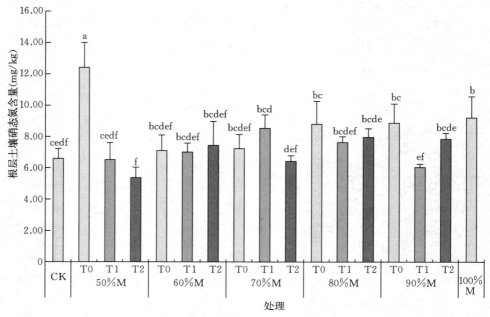

图 3-46　微生物菌剂调控减量施肥对根层土壤硝态氮含量的影响

注：T0 为不添加微生物菌剂，后同。

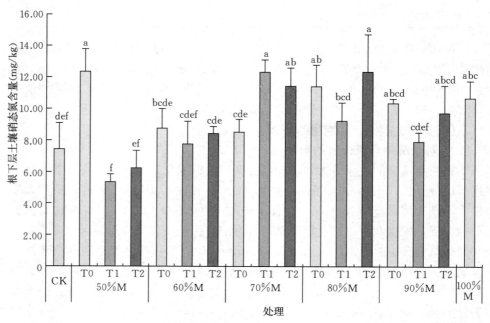

图 3-47　微生物菌剂调控减量施肥对根下层土壤硝态氮含量的影响

2. 对土壤有效磷含量的影响

从种植快菜根层和根下层土壤有效磷含量来看（图3-48、图3-49），与CK相比，100％M处理快菜根层土壤有效磷含量显著增加，增幅为232.11％；根层土壤有效磷含量随有机肥施用量减少呈显著性下降，与100％M相比，90％M、80％M、70％M、60％M、50％M处理有效磷含量降幅分别为12.32％、25.39％、25.14％、37.84％、36.98％。与50％M处理相比，

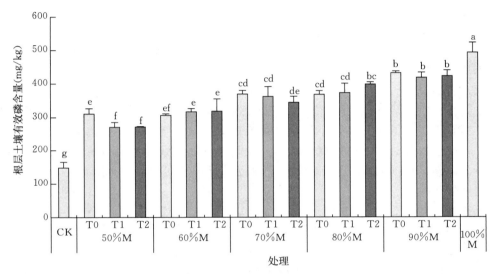

图3-48 微生物菌剂调控减量施肥对根层土壤有效磷含量的影响

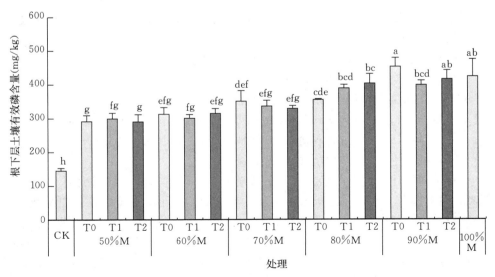

图3-49 微生物菌剂调控减量施肥对根下层土壤有效磷含量的影响

T1 和 T2 添加微生物菌剂处理根层土壤有效磷含量分别降低 12.91％和 12.71％；其他减量施肥与添加微生物菌剂处理之间差异不显著。以上结果说明，高肥力土壤上，有机肥用量减少有助于土壤有效磷含量下降，有机肥高量减施条件下微生物菌剂有减少土壤有效磷含量的作用。

与 CK 相比，100％M 处理快菜根下层土壤有效磷含量显著增加，增幅为 192.21％；与 100％M 处理相比，90％M 处理没有显著差异，80％M、70％M、60％M、50％M 处理有效磷含量显著低于 100％M，但都高于 CK。T1 和 T2 添加微生物菌剂处理与减量单施有机肥处理相比差异都不显著。以上结果说明，高肥力土壤上，有机肥用量减少有助于土壤有效磷含量下降，微生物菌剂添加对土壤有效磷含量没有明显影响。

（四）小结

在高氮、磷养分残留土壤中，有机肥用量减少并没有导致快菜产量降低，甚至有机肥减量 50％条件下快菜产量反而存在增加效果。微生物菌剂添加有助于促进快菜对土壤过量氮、磷养分吸收，进而导致土壤有效氮、磷含量下降，尤其是有机肥减量 50％条件下效果更为明显，可以有效地降低了土壤氮、磷淋失风险。

三、土壤残留氮、磷种植模式优化高效利用

基于作物生态位原理，引入深/浅根系作物间作技术模式，开展设施作物时空优化配置模式研究，形成合理蔬菜间作模式，利用作物深/浅根系养分吸收等特性互补原则，提高菜田土壤中水、肥利用率，减少菜田土壤高氮、磷养分过量残留，降低氮磷养分淋失风险。同时通过文献调研方式发现，种植密度、土壤深松耕作和磷肥深施等其他措施也可有效利用菜田土壤中残留氮、磷养分。

（一）白菜/萝卜间作对设施土壤残留氮、磷养分利用的影响

秋冬季大白菜/萝卜间作设置 5 个试验处理：白菜单作、白萝卜单作、胡萝卜单作、白菜/白萝卜间作、白菜/胡萝卜间作。白菜单作株行距都为 40 cm，白萝卜单作株行距为 20 cm×40 cm（两排），胡萝卜单作株行距为 12 cm×40 cm（两排），白菜/白萝卜间作处理中白菜与白萝卜株距为 30 cm，白菜/胡萝卜间作处理中白菜与胡萝卜株距为 26 cm。

对不同间作模式下白菜、白萝卜和胡萝卜产量进行分析结果表明（图 3-50），白菜单作、白菜/白萝卜间作和白菜/胡萝卜间作模式白菜产量分别为 162.18 t/hm²、160.00 t/hm² 和 150.18 t/hm²，白菜单作和白菜/白萝卜间作两种模式分别明显高于白菜/胡萝卜间作模式下的白菜产量，与之相比，产量分别增加 7.99％和 6.54％；白萝卜单作和白菜/白萝卜间作模式下的白萝卜产量分别为 147.82 t/hm² 和 143.23 t/hm²，它们之间不存在明显差异；胡萝卜

单作和白菜/胡萝卜间作模式下的胡萝卜产量分别为 107.49 t/hm² 和 110.38 t/hm²，胡萝卜单作模式下胡萝卜产量略低于白菜/胡萝卜间作模式。从不同模式总经济产量来看，间作模式产量呈略增加的趋势。以上结果说明，浅根系白菜和深根系萝卜没有降低蔬菜产量。

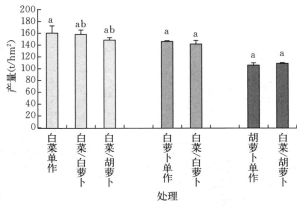

图 3-50 白菜/萝卜间作对作物产量的影响

　　浅根系白菜与深根系白萝卜间作试验结果表明（图 3-51），与白菜和白萝卜单作模式相比，二者间作模式下 0～20 cm 表层土壤硝态氮含量分别降低 34.26%和 27.60%；20～40 cm 土层，间作模式下土壤硝态氮含量分别降低 14.02%和 32.35%；40～100 cm 土层，间作模式下土壤硝态氮含量分别降低 48.56%～81.95%和 60.93%～83.03%。

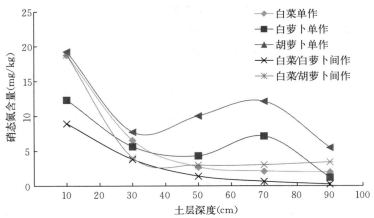

图 3-51 深根系和浅根系蔬菜间作模式下土壤硝态氮含量变化

　　浅根系白菜与深根系胡萝卜间作试验结果表明，间作与胡萝卜单作模式相比表层土壤硝态氮含量没有显著性差异；20～40 cm 土层，与白菜和胡萝卜单作相比，土壤硝态氮含量分别降低 38.28% 和 47.73%。

从白菜/白萝卜间作模式下有效磷含量变化来看（图 3-52、图 3-53），与白菜单作相比，间作模式表层土壤有效磷含量降低 35.84%。20～40 cm 土层，间作模式土壤有效磷含量降低 7.30%，但高于白萝卜单作模式。

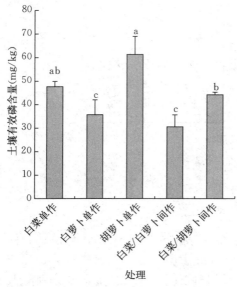

图 3-52　深根系和浅根系蔬菜间作种植 0～　　图 3-53　深根系和浅根系蔬菜间作种植 20～
　　　　　20 cm 土层有效磷含量的变化　　　　　　　　　　40 cm 土层有效磷含量的变化

从白菜与胡萝卜间作模式下有效磷含量变化来看，胡萝卜单作表层土壤有效磷含量为 61.27 mg/kg，与之相比，白菜单作和间作分别降低 22.24% 和 27.84%。20～40 cm 土层中，与白菜单作相比，间作土壤有效磷含量升高了 19.73%。

从表 3-51 可知，白菜/白萝卜间作模式下氮、磷盈余量分别为 119.1 kg/hm² 和 75 kg/hm²，与白萝卜单作相比，氮、磷盈余量分别降低 3.15 kg/hm² 和 8.15 kg/hm²；白菜/胡萝卜间作模式下氮、磷盈余量分别为 100.2 kg/hm² 和 74.85 kg/hm²，与胡萝卜单作相比，氮、磷盈余量分别降低 12.45 kg/hm² 和 10.05 kg/hm²。

表 3-51　深根系和浅根系蔬菜间作种植养分表观平衡情况

单位：kg/hm²

处理	施肥量		养分带走量		表观平衡	
	N	P₂O₅	N	P₂O₅	N	P₂O₅
白菜单作	330.00	120.00	328.20	102.00	1.80	18.00
白萝卜单作	330.00	120.00	207.75	36.90	122.25	83.10

（续）

处理	施肥量		养分带走量		表观平衡	
	N	P₂O₅	N	P₂O₅	N	P₂O₅
胡萝卜单作	330.00	120.00	217.35	35.10	112.65	84.90
白菜/白萝卜	330.00	120.00	210.90	45.00	119.10	75.00
白菜/胡萝卜	330.00	120.00	229.80	45.15	100.20	74.85

以上结果说明，浅根系白菜和深根系萝卜间作在不降低蔬菜产量条件下，提高了土壤氮、磷利用效率，降低氮、磷累积量，显著降低表层土壤速效氮、磷含量，尤其是深层土壤硝态氮降低作用十分显著，大大降低了土壤氮素向表下层淋溶损失的风险。

（二）大葱/茄子间作对设施土壤残留氮、磷养分利用的影响

设置浅根系大葱与深根系茄子间作试验，茄子单作区长 5 m、宽 2 m，行距 60 cm、株距 50 cm，每行 10 株；大葱单作区长 5 m、宽 2 m，行距 50 cm、株距 5 cm；茄子、大葱间作区长 5 m、宽 4 m，茄子及大葱的行株距同前；间作区中茄子与大葱之间的行距为 55 cm。

大葱单作和间作模式下经济产量分别为 55.81 t/hm² 和 43.22 t/hm²，大葱单作相比间作模式经济产量增加了 29.12%；茄子单作和间作模式下经济产量分别为 32.11 t/hm² 和 44.42 t/hm²，与茄子单作相比，间作模式茄子产量显著提高 38.31%（图 3-54）。

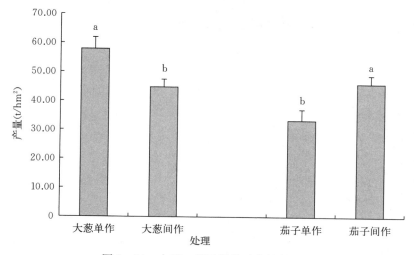

图 3-54 大葱、茄子间作对产量的影响

从大葱、茄子间作处理下土壤剖面硝态氮含量变化来看（图 3-55），二者间作模式下 0～10 cm 表层硝态氮含量显著低于茄子单作，降幅为 25.79%，

与大葱单作差异不显著；10～30 cm 土层低于二者单作处理；30～60 cm 与二者单作差异不显著；60 cm 以下土层显著低于二者单作，且大葱单作显著低于茄子单作。以上结果说明，深根系蔬菜有降低表下层土壤硝态氮含量的作用，间作作用更为明显。

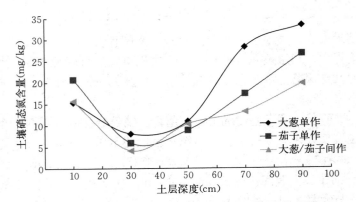

图 3 - 55　大葱、茄子间作对土壤硝态氮含量变化的影响

从大葱、茄子间作处理下土壤剖面有效磷含量变化来看（图 3 - 56），茄子单作模式下 0～20 cm 表层土壤有效磷含量为 206.94 mg/kg，与之相比，大葱单作和大葱/茄子间作模式分别降低 24.39％和 19.23％，达到显著性差异。20～40 cm 土层单作、间作 3 种模式之间差异不显著，都显著低于表层土壤含量。以上结果说明，较高肥力土壤上，间作对表层土壤有效磷含量变化影响较为明显。

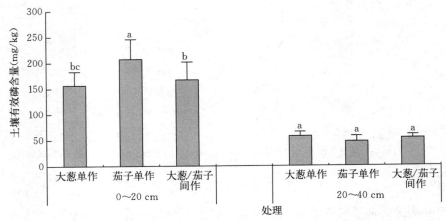

图 3 - 56　大葱、茄子间作对土壤有效磷含量变化的影响

对大葱/茄子间作模式氮、磷养分表观平衡进行分析（表 3-52），大葱单作模式下氮、磷盈余量分别 128.6 kg/hm² 和 61.39 kg/hm²，大葱/茄子间作模式氮、磷盈余量分别为 68.95 kg/hm² 和 54.44 kg/hm²，与大葱单作相比分别降低 59.95 kg/hm² 和 6.95 kg/hm²，与茄子单作相比氮盈余增加较为明显，磷没有显著差异。以上结果说明，间作对土壤氮素变化影响较大，对磷素影响较小。

表 3-52　大葱、茄子间作养分表观平衡情况

单位：kg/hm²

处理	施肥量		养分带走量		表观平衡	
	N	P₂O₅	N	P₂O₅	N	P₂O₅
大葱单作	225.00	75.00	96.40	13.61	128.60	61.39
茄子单作	225.00	75.00	213.20	24.44	11.80	50.56
大葱/茄子间作	225.00	75.00	156.05	20.56	68.95	54.44

（三）其他种植耕作方式对菜田土壤氮、磷养分利用的影响

种植密度决定作物对地上部的光、气和地下部根系对土壤养分的竞争程度。在作物地上部竞争部分，主要表现在影响作物冠层内的光分布特征，进而影响作物冠层光合作用和干物质的生产，也是决定作物产量主要因素之一。一般来说，随着种植密度的逐步升高，作物单株地上部生物量会随之逐步下降。特别在生育后期，作物在一定生长天数之后，群体冠层上层光截获率逐步升高，中下部叶层的光照条件减弱，营养生长后期作物叶片、茎秆积累养分要进行再分配，茎秆中的氮、磷、钾养分积累量高于其他营养器官，科学合理的种植密度可以充分利用作物生长后期的茎秆营养成分转运到果实中，从而对作物增产形成一定积极作用。同时，科学合理的作物种植密度通过提高作物根系土壤养分竞争程度，促进作物根系对土壤过量残留的养分进行吸收转运至作物茎秆和籽粒等，从而提高作物对光合土壤氮、磷养分的利用率，降低土壤过量氮、磷养分残留。

土壤耕作是农业生产的一个重要环节，主要是通过机械物理作用来调节土壤内部物理结构，从而改变土壤水、肥、气、热等环境条件。连续多年的土壤表层旋耕作业，形成目前大部分农业土壤耕层存在"浅、实、少"的现状问题，即土壤耕层变浅（15 cm 左右），且土壤结构紧实，作物根系很难生长到土壤深处，导致土壤耕层以下氮磷积累、养分利用率较低，通过土壤深松耕作改变长期以来农业生产中浅耕而形成的犁底层，增加松土厚度，可以增加原有土壤的蓄水能力和土壤深层根系吸收土壤氮、磷养分的活性（图 3-57）。

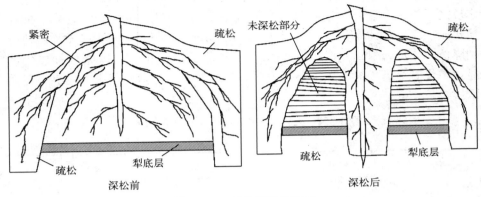

图 3-57 垄沟深松示意图

磷肥适当深施显著促进夏玉米根系生长，根干重、根长密度、根系表面积和根体积均显著增加，显著促进夏玉米根系生长，根干重、根长密度、根系表面积和根体积均显著增加，根系分布深度的增加促进了对土壤氮素的吸收，深施磷肥处理各土层中尤其是 20 cm 以下土层土壤氮素含量显著降低。

（四）小结

在保证农业生产总体经济效益不降低情况下，深/浅根系作物间作种植模式可以充分利用不同深度土层残留氮、磷养分，表层及深层土壤硝态氮及有效磷含量明显降低，同时避免了土壤氮、磷过量累积淋失污染环境的风险。

四、其他高氮、磷土壤修复技术措施

通过文献资料分析，目前除了以上高氮、磷土壤修复技术措施外，还通过土壤调理剂调控对土壤残留氮、磷养分进行深度修复使用。

由于土壤过量氮、磷养分残留，容易造成土壤环境污染潜在风险，目前高氮、磷残留土壤修复的技术措施将土壤多余不能够被作物根系吸收转运利用的磷养分进行固定吸附，选择合适的土壤调理剂进行修复，一般这种土壤调理剂的物质颗粒具有巨大的比表面积和表面活化基团的特性，满足固定吸附磷养分的物理特性。

目前，一般采用土壤磷吸附固定的调理剂大都是石灰石粉、石膏、氯化钙和粉煤灰等，添加土壤调理剂后，对土壤中有效磷和水溶性磷含量均有不同程度的影响，用改良剂对易流失态磷（水溶性磷）的降低效果明显高于对有效态磷的降低效果，土壤有效磷含量一般可降低 8.4%～30.7%，水溶性磷含量一般可降低 11.9%～50.3%（表 3-53），主要由于改良剂施入后，可促使土壤有效磷转化为难溶于水的钙、铁和铝结合态的磷化合物。

表 3 - 53　施用改良剂对土壤有效磷和有效氮的影响

处理	有效磷含量 （mg/kg）	水溶性磷含量 （mg/kg）	铵态氮含量 （mg/kg）	硝态氮含量 （mg/kg）
对照	483.4±23.4a	29.6±3.2a	50.7±3.1b	44.8±5.7a
氢氧化铝	442.9±19.6b	26.3±3.4ab	52.8±2.8ab	45.4±4.8a
石灰石粉	426.7±22.3b	22.6±2.6b	54.7±3.5ab	47.6±6.7a
石膏	433.8±21.8b	17.7±2.7cd	53.6±3.7ab	43.8±5.7a
氯化钙	422.6±24.6b	14.7±2.3d	52.6±4.2ab	42.6±5.1a
粉煤灰	335.2±25.4c	19.4±2.6bc	57.6±3.8a	46.8±6.2a

注：同列数据后小写字母不同表示处理间差异显著（$P<0.05$），$n=3$。

五、高氮、磷残留土壤修复与利用技术集成示范验证

2017 年 10 月至 2018 年 6 月，在延庆区井庄镇蔬菜生产基地进行技术示范与应用，通过综合技术措施实施，有效降低示范园区表层土壤中硝态氮及有效磷的含量 9.95%～85.40%，达到了阻控土壤氮、磷养分淋失和高效利用的效果。

六、结论

高氮、磷残留菜田土壤中，有机无机肥减量配施调控技术措施、有机肥减量配施微生物菌剂、深/浅根系作物间套作模式及其他典型修复技术措施，可以有效促进土壤氮、磷养分向作物根系转运吸收，有效利用降低表层及深层土壤残留氮、磷养分，降低氮、磷过量累积对土壤质量环境的潜在风险。

第四节　菜田果园废弃物无害化资源利用技术

我国是蔬菜种植大国，除了产生满足人们需求的可食用部分外，蔬菜在生产、加工、运输、滞销和厨房加工过程中同样产生叶、根、茎和果实的废弃部分，而且产生量巨大。除部分发生病虫害的蔬菜组织外，尾菜不含有其他毒害物质，大部分是一种宝贵的有机资源；干物质养分含量高（表 3 - 54），氮、磷、钾养分总和超出了有机肥的养分含量标准。

由于农业技术的限制，菜田果园废弃物多被随意丢弃，没有得到充分的回收利用，不仅造成巨大资源浪费，还对环境造成了严重污染。蔬菜废弃物含水量较高，如果在田间地头大量堆积，极易腐烂发臭，滋生蚊蝇，引发正常种植

蔬菜病虫害传播；且大部分蔬菜种植靠近水源，未经处理的废弃物被倾倒入水中或者自身分解中产生的渗出液流入江河、湖泊和地下水系统，均会增加水体污染风险。如研究认为黄淮海地级市中，每年蔬菜废弃物污染负荷超过60万t的地区集中在中部地区，包括徐州、潍坊、周口、南阳、商丘5市，污染负荷占黄淮海总负荷的22.85%，这些地区总氮、总磷、总钾每年污染负荷超过1.60万t、0.40万t、1.90万t。果园废弃物焚烧，则可能会污染大气，形成一个不可持续的生态环境，进而严重影响生态环境的完整性及人类的健康。

表3-54　不同种类蔬菜尾菜养分含量

样品名	含水量（%）	全氮（%）	全磷（%）	全钾（%）
花椰菜	88.24	4.225	0.532	0.80
白菜	94.93～95.9	2.72～5.56	0.56～0.77	4.40～4.99
叶用莴苣	93.9～94.8	3.56～4.77	0.47～0.61	4.93～5.37
西芹	92.8～94.0	2.76～3.96	0.67～0.82	5.00～6.08
辣椒	81.27	2.85	0.30	3.99
菠菜	92.2～93.6	5.23～5.32	0.60～0.80	8.89～11.25
萝卜	91.25	4.04	0.52	1.99
胡萝卜	87.04	3.230	0.49	2.96
紫甘蓝	89.62	3.781	0.46	1.57
青菜	88.0～88.7	4.00～5.69	0.35～0.54	1.85～2.01
平均含量		4.00	0.541	1.94

目前，利用堆肥或厌氧发酵方式处理蔬菜废弃物是主要的尾菜处理方式，需要专门的处理工程，对前期建设和设备运行操作要求高，后期废弃物的收集运输等均对经济和技术投入也有较高要求，这些均成为技术推广的限制因素。而相当部分的尾菜特别是叶菜类的尾菜田间较难进行直接收集，因此开发相关尾菜原位无害化处理技术及其配套装备就成技术的必然选择。

一、尾菜无害化处理与原位还田技术

基于尾菜含水量高、养分含量高和不易收集的特点，提出通过直接还田的方式来处理蔬菜废弃物。由于蔬菜废弃物多携带致病菌或病虫害，还田时若不进行消毒处理，则可能会对后茬作物生长产生严重影响，因此首先开展消毒剂筛选，并确定合适的使用浓度及使用方式。同时，现有的秸秆还田设备，很难直接应用于蔬菜尾菜的还田，且不能对尾菜进行有效的消毒，因此可能造成尾菜在还田后导致土壤病菌增加、作物病害加重等不良现象，同时开展尾菜移动式消毒粉碎一体机开发与应用，开展叶菜尾菜废弃物还田环境效应及农学效应试验研究，为蔬菜废弃物直接还田提供数据支撑，形成尾菜原位还田的技术模式。

（一）尾菜消毒剂的筛选

供试消毒剂由北京市农林科学院植物营养与资源研究所提供，名称代码XD。该消毒剂为固态晶体、含氮 22.8％。微生物源为腐烂病变的芹菜废弃物。微生物总量测定方法采用稀释平板计数法。试验于 2016 年 3～6 月在北京市农林科学院植物营养与资源研究所进行。设置不同浓度消毒剂对蔬菜病原菌的影响试验，将芹菜废弃物打浆处理，各处理浆液称取量为 1 g，装入培养皿中待处理，设置 4 个处理（表 3-55）。各处理浸泡 5 min 后，制备稀释，采用稀释平板计数法进行微生物数量测定，每处理 3 次重复。

表 3-55　蔬菜废弃物原位还田不同浓度消毒剂筛选试验处理设计

处理编号	描述
1	加入 20 mL 无菌水
2	加入 20 mL 1％溶液
3	加入 20 mL 3％溶液
4	高压蒸汽灭菌后加入 20 mL 灭菌水

设置不同作用方式处理试验，将芹菜废弃物切成 1 cm 左右的小段，混匀后分成 4 份，每份 10 g，设置 4 个处理（表 3-56）。各处理芹菜废弃物磨碎后分别称取 1 g，转移到装有 100 mL 灭菌水的三角瓶中，吸取 10 mL，放入装有90 mL 无菌水并放有小玻璃珠的 250 mL 三角瓶中，制备稀释系列。

表 3-56　蔬菜废弃物原位还田不同作用方式消毒剂筛选试验处理设计

处理编号	描述
1	样品平铺于滤网上，表层喷洒去离子水 15 mL
2	加入 3％溶液 15 mL 浸泡 5 min
3	样品平铺于滤网上，表层喷洒 3％溶液 15 mL
4	样品高压蒸汽灭菌

1. 不同浓度消毒剂对微生物数量的影响

从表 3-57 消毒剂对微生物种群数量的影响可以看出，与加入 20 mL 无菌水处理相比，加入 20 mL 3％消毒剂处理细菌、真菌和放线菌数量分别减少90.92％、100％和 86.23％，均达显著性水平；加入 20 mL 1％消毒剂处理细菌、放线菌数量分别减少 84.04％、65.13％，达显著性水平，对真菌数量的抑制未达显著水平。加入 20 mL 3％消毒剂处理对各种菌数量的抑制作用与高压蒸汽灭菌处理无显著性差异。以上结果说明，3％消毒剂对微生物数量的影响较大，杀菌效果较好。

表 3 - 57　不同浓度消毒剂对微生物数量的影响

处理编号	细菌数量×10^5	真菌数量×10^3	放线菌数量×10^3
1	470.00±49.72a	1.33±0.58a	12.13±1.97a
2	75.00±17.00b	1.00±0.00a	4.23±0.31b
3	42.67±2.52bc	0.00±0.00 b	1.67±1.53c
4	0.00±0.00 c	0.00±0.00 b	0.00±0.00c

2. 消毒剂不同作用方式对微生物数量的影响

从表 3 - 58 不同作用方式对带有病菌的芹菜中微生物数量的影响可以看出，处理 1、处理 2 和处理 3 之间细菌数量差异不显著，放线菌数量差异显著；处理 2 的放线菌数量减少最大，但与处理 3 差异不显著，喷洒和浸泡两种作用方式均有较好的抑菌作用。在实际田间操作中，喷洒方式更方便，操作更简单。因此，在田间操作时采用喷洒的方式即可。

表 3 - 58　消毒剂不同作用方式对微生物数量的影响

处理编号	细菌数量×10^6	真菌数量×10^3	放线菌数量×10^4
1	2.00±0.58 a	0.00±0.00a	4.00±1.00a
2	0.00±0.00a	0.00±0.00a	0.00±0.00b
3	1.00±1.00a	0.00±0.00a	1.00±0.00b
4	0.00±0.00a	0.00±0.00a	0.00±0.00b

综上所述，消毒剂对微生物生长有较好的抑制作用。1％、3％消毒剂具有较好抑制细菌、真菌和放线菌效果，喷洒和浸泡两种方式对微生物数量的影响与高压蒸汽灭菌处理无显著差异，从实际应用的角度来看，喷洒方式较为可行。

3. 消毒剂对土传病害——辣椒疫霉的防治效果

辣椒疫霉（*Phytophthora capsici* Leonian）引起的辣椒疫病是辣椒生产过程中的毁灭性病害。北京市农林科学院植物营养与资源研究所在温室利用基质（草炭、蛭石、珍珠岩体积比 6：3：1）种植辣椒（京甜 3 号）开展自主研发新型消毒制剂防治辣椒疫霉菌效果试验，设置 8 个处理（表 3 - 59），每处理 10 株辣椒，3 次重复。苗龄 60 d 时，灌根法接种辣椒疫霉孢子囊悬浮液 1 mL/株。接种疫霉菌前一周喷洒消毒剂。接种后每天调查记录各处理辣椒疫病发病情况，至 CK1 处理植株病情指数达 100％时结束试验，按照病情指数和防治效果公式计算防治效果。

表 3-59 消毒剂试验设计

代码	处理
CK0	未接种辣椒疫霉菌
CK1	接种辣椒疫霉菌
ZY1	接种辣椒疫霉菌＋施用 1 次沼液
ZY2	接种辣椒疫霉菌＋施用 2 次沼液
ZY3	接种辣椒疫霉菌＋施用 3 次沼液
XD1	接种辣椒疫霉菌＋施用 1 次 1％消毒肥料
XD2	接种辣椒疫霉菌＋施用 2 次 1％消毒肥料
XD3	接种辣椒疫霉菌＋施用 3 次 1％消毒肥料

$$病情指数＝\sum（病情株数×代表数值）/（株数总和× 发病最严重的代表数值）×100％$$

防治效果＝（对照区病情指数－防治区病情指数）/对照区病情指数×100％

从表 3-60 可以看出，8 种处理辣椒发病率、病情指数、防治效果均呈现出显著性差异。

表 3-60 追施两种肥料条件下消毒剂对辣椒疫病的防治效果

单位：％

处理	发病率	病情指数	防治效果
CK0	0.00±0.00d	0.00±0.00e	—
CK1	100.00±0.00a	100.00±0.00a	0.00±0.00e
XD1	100.00±0.00a	100.00±0.00a	0.00±0.00e
XD2	66.67±11.55c	44.17±8.04d	55.83±8.04b
XD3	0.00±0.00d	0.00±0.00e	100.00±0.00a
ZY1	100.00±0.00a	100.00±0.00a	0.00±0.00e
ZY2	100.00±0.00a	90.67±4.62b	9.33±4.62d
ZY3	86.67±15.28b	56.67±3.06c	43.33±3.06c

XD3 处理无辣椒疫病发生（发病率为 0，防治效果达 100％）；XD2 处理平均防治率为 55.83％；XD1、ZY1 和 ZY2 处理对辣椒疫病无明显防治效果，发病率为 100％。各处理辣椒疫病病情指数的变化趋势与发病率一致，XD3 病情指数最低（0），其次为 XD2（44.17％），XD1、ZY1 和 ZY2 处理病情指数

显著升高。

11 月 22 日，CK1、XD1、ZY1 和 ZY2 处理已有明显病害发生，病情指数分别为 31.67％、30.00％、46.67％和 26.67％（图 3 - 58），CK1、XD1 和 ZY1 处理病情指数与未发病处理间达到显著性差异，证明两种肥料追施一次对辣椒疫病的防治效果不显著；此外，ZY1 处理的病情指数比 CK1 高 15％，是 XD1 处理的 1.56 倍，而且 ZY2 处理的发病率也高达 36.67％。随着试验天数的增加，各处理的病情指数均呈现出上升的趋势，ZY3 处理在 11 月 25 日开始出现病害，XD2 处理则在 11 月 29 日出现病害，而 XD3 处理在试验结束时仍未发生病害。

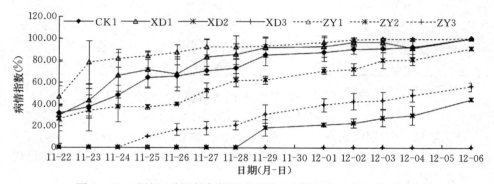

图 3 - 58　追施两种肥料条件下消毒剂对病情指数动态变化的影响

试验结束时，XD1、ZY1 处理的病情指数与 CK1 相同，显著高于其余处理，各处理防治效果由大到小依次为 XD3＞XD2＞ZY3＞ZY2＞CK1＝XD1＝ZY1（表 3 - 60），XD3、XD2、ZY3 与 ZY2 处理间防治效果差异显著，处理 XD3 防治效果最好。由此可知，新型消毒制剂对辣椒疫病的防治效果显著高于沼液，并且在追施三次的条件下，维持 100％防效的时间比沼液多 18 d。

XD3 处理的株高、茎粗和 SPAD 值分别比 ZY3 处理高 3.76％、10.95％和 11.77％，且均达到显著性水平，即在相同施氮量条件下，新型消毒肥料能够更好地促进辣椒生长。

（二）尾菜移动式消毒粉碎一体机的开发

为将消毒剂在田间均匀喷洒在尾菜上，实现有害病原菌的灭杀，需要对尾菜多角度进行消毒，并进行粉碎。为此，研发田间可用的消毒粉碎一体机成为急需。

研发田间使用方便并且能同时满足尾菜消毒、粉碎和还田的尾菜消毒粉碎一体化装置，需要满足以下三个方面的要求：田间可移动，满足田间原位处理的要求，移动中不损耗自身动力，借用拖拉机进行牵引；同时满足消毒、粉碎功能，消毒剂的喷洒要多角度，粉碎的秸秆要小于 3 cm；双进口设计，出口朝下，粉碎能力强，满足田间两人同时操作与处理。

按照上述要求思路设计了第一代的消毒粉碎一体机，经初试检验，喷洒和粉碎功能均能实现设计的要求，喷洒上下两个角度都进行，均匀可行；粉碎中试验了番茄秧，粉碎颗粒最大长度约 2.5 cm，完全满足田间要求。但在进行田间实际检验时，发现由于粉碎机的地盘设置只有 10 cm 高，而田间很多时候高低不平，导致行走的时候经常托底，容易造成设备的损坏，并降低粉碎的质量，降低粉碎的速度。

1. 设备结构

本设备包括支架，在支架上设置有输送单元、粉碎单元、消毒单元和驱动单元。输送单元水平设置在支架的上部，其一端为进料端，另一端为出料端。粉碎单元包括设置在靠近出料端一侧的支架上的粉碎机本体，粉碎机本体的进料口与输送单元的出料端连接，粉碎机本体的出料口位于支架的底部。消毒单元包括紧固连接在输送单元和粉碎机本体出料口上的多个喷嘴，每一喷嘴均通过管路与紧固连接在支架上的消毒箱连接。

驱动单元包括紧固连接在支架上的第一电机、第二电机和泵体。第一电机通过传动机构与输送单元连接；第二电机通过传动机构与粉碎机本体的转轴连接；泵体与管路连接。

设备在位于输送单元两侧的支架上分别紧固连接一挡板；在输送单元的出料端处紧固连接一密封罩；在粉碎单元的外部设置一与其内部连通的进料斗。

输送单元可采用两种输送装置。一种是链轮输送装置，链轮输送装置包括分别转动连接在支架上部两端的转轴，在每一转轴的两端分别紧固连接一链轮，两转轴同一端的两链轮共同支撑一链条，在两链条之间紧固连接有多个呈均匀分布的支撑板。另一种是皮带输送装置，皮带输送装置包括分别转动连接在支架上部两端的转轴，两转轴共同支撑一传送带。

2. 规格功能

外形尺寸：2 900 mm×1 630 mm×1 060 mm；粉碎柴油机：12.1 kW；喷药机：5.5 kW；总重量：475 kg；生产率：3.5 t/h；粉碎粒径：小于 5.5 cm。

3. 操作流程

如图 3-59～图 3-61 所示，在支架 1 上设置有输送单元 2、粉碎单元 3、消毒单元 4 和驱动单元 5。输送单元 2 水平设置在支架 1 的上部，其一端为进料端 21，另一端为出料端 22。粉碎单元 3 包括设置在靠近出料端 22 一侧的支架 1 上的粉碎机本体 31，粉碎机本体 31 的进料口 32 与输送单元 2 的出料端 22 连接，用于将尾菜通过输送装置 2 送入到粉碎机本体 31 中进行尾菜粉碎。粉碎机本体 31 的出料口 33 位于支架 1 的底部，用于将粉碎后的尾菜直接还田，同时避免出料口 33 与其他装置发生干涉。

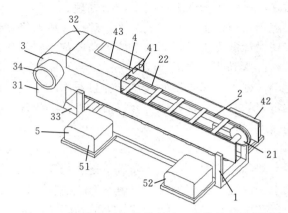

图 3-59　尾菜移动式消毒粉碎一体机结构俯视图

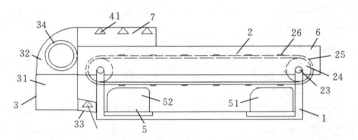

图 3-60　尾菜移动式消毒粉碎一体机结构侧视图

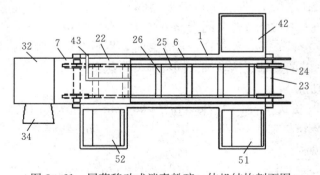

图 3-61　尾菜移动式消毒粉碎一体机结构剖面图

消毒单元 4 包括紧固连接在输送单元 2 和粉碎机本体 31 出料口 33 上的多个喷嘴 41，每一喷嘴 41 均通过管路 43 与紧固连接在支架 1 上的消毒箱 42 连接，用于将消毒箱 42 中的消毒液通过管路 43 输送到个喷嘴 41 中，对尾菜进行消毒处理。

驱动单元 5 包括紧固连接在支架 1 上的第一电机 52、第二电机 51 和泵体。第一电机 52 通过传动机构与输送单元 2 连接，用于驱动输送单元 2 运转。第二电机 51 通过传动机构与粉碎机本体 31 的转轴连接，用于驱动转轴带动刀片对尾菜进行粉碎。泵体与管路 43 连接，用于提供消毒液的输送动力。

在输送单元 2 两侧的支架 1 上分别紧固连接一挡板 6，用于避免尾菜在输送过程中掉落。

在输送单元 2 的出料端 22 处可紧固连接一密封罩 7，用于防止尾菜在进入粉碎机本体 31 的进料口 32 时泄漏到外部。

在粉碎单元 3 的外部还可设置一进料斗 34，用于手工放入尾菜。

输送单元 2 可采用链轮输送装置，包括分别转动连接在支架 1 上部两端的转轴 23，在每一转轴 23 的两端分别紧固连接一链轮 24，两转轴 23 同一端的两链轮 24 共同支撑一链条 25。在两链条 25 之间紧固连接有多个呈均匀分布的支撑板 26，用于支撑运输的尾菜。

输送单元 2 可采用皮带输送装置，包括分别转动连接在支架 1 上部两端的转轴 23，两转轴 23 共同支撑一传送带。

工作时，首先将本发明装置的支架 1 紧固连接在运输车上，然后将尾菜由进料端 21 放到输送单元 2 上，在输送过程中消毒单元 4 的多个喷嘴 41 对粉碎前的尾菜进行第一次消毒处理。当尾菜消毒完毕后经出料端 22 输送进粉碎单元 3 中，粉碎机本体 31 对尾菜进行完全粉碎后由出料口 32 排出，在排出过程中位于出料口 32 处的多个喷嘴 41 对粉碎后的尾菜进行第二次消毒处理。由于运输车一直处于运行状态，由出料口 32 排出的粉碎后的尾菜可直接还田到所需区域。

（三）尾菜原位还田的农学及环境效应

供试作物为散生生菜，第一茬生育期为 45 d；第二茬生育期为 45 d。两茬菜的定植密度均为 20 万棵/hm^2。消毒剂由北京市农林科学院植物营养与资源研究所提供。试验采用裂区试验方式，以是否喷施消毒剂为主处理，蔬菜废弃物还田量为副处理，共设 5 个水平（表 3 - 61）。

表 3 - 61　尾菜还田量试验设计

处　理	描　述
A	对照，不还田
B	单位面积废弃物产生量的 25%（鲜重 2.52 t/hm^2）
C	单位面积废弃物产生量的 50%（鲜重 5.03 t/hm^2）
D	单位面积废弃物产生量的 100%（鲜重 10.06 t/hm^2）
E	单位面积废弃物产生量的 300%（鲜重 30.18 t/hm^2）

试验共有 10 个处理，每个处理设 3 次重复，总计 30 个小区，小区面积为 1.5 m×12 m。为保证统一性，第一茬生菜收获后各处理的废弃物还田量与其种植前相同，且还田前做混匀处理。第一茬生菜种植前还田的废弃物含 N 3.83%、P_2O_5 1.54%、K_2O 1.32%，收获后还田废弃物含 N 3.85%、P_2O_5 1.04%、K_2O 1.13%。喷洒消毒剂的小区，小区喷 1.5 L 消毒剂溶液。

温室气体排放通量计算公式如下：$F = \rho \times h \times (dc/dt) \times (273/T)$。式中：$F$ 为排放通量 [$\mu g/(m^2 \cdot h)$]；h 为箱内有效空间的高度（m）；ρ 为标准状况下温室气体的密度（N_2O 1.25 kg/m^3，CH_4 0.72 kg/m^3，CO_2 1.98 kg/m^3）；dc/dt 为箱内气体浓度随时间的变化率 [$\mu L/(L \cdot h)$]；T 为采气箱内温度（K）。

1. 对产量的影响

从表 3 - 62 尾菜还田后生菜产量变化可以看出，第一茬主副处理间交互作用不显著（$P = 0.26$），主副处理对第一茬生菜产量均未产生显著影响。第二茬主副处理间交互作用仍不显著（$P = 0.90$），主处理间差异极显著（$P = 0.01$），喷施消毒剂后生菜产量增加 1.75 t/hm^2，不同还田量对生菜产量影响差异显著，与对照相比，蔬菜废弃物还田后生菜产量增加。

表 3 - 62 尾菜还田量对生菜产量的影响

单位：t/hm^2

处理		A	B	C	D	E	平均
第一茬	喷洒	42.31±1.19	43.58±1.90	41.71±0.49	41.35±0.86	41.92±1.37	42.17±0.86a
	未喷	41.67±0.72	40.94±1.24	41.89±2.52	39.31±1.10	42.44±1.46	41.25±1.21a
	平均	41.99±0.72ab	42.26±1.24a	41.80±2.52ab	40.33±1.10b	42.18±1.46a	
第二茬	喷洒	45.81±2.46	49.42±0.95	48.50±1.73	49.31±0.17	49.33±0.82	48.47±1.54a
	未喷	45.08±2.42	46.94±1.27	46.67±0.83	47.31±2.13	47.61±0.86	46.72±0.98b
	平均	45.44±2.22b	48.18±1.69a	47.58±1.58a	48.31±1.74a	48.47±1.20a	

2. 对土壤全氮含量的影响

两茬生菜收获后土壤全氮含量主副处理间交互作用均不显著。由表 3 - 63 可以看出，第一茬生菜收获后，主处理间无显著差异；副处理间高还田量 D 和 E 处理土壤全氮含量均值分别比对照高 16.7% 和 17.4%，并达到显著性水平（$P = 0.05$），二者间差异不显著。第二茬生菜收获后主处理间差异显著（$P = 0.01$），喷施消毒剂后土壤全氮含量提高 17.31%，达显著性水平；不同还田量处理土壤全氮含量无显著差异，这可能与第二茬生菜产量增加，吸氮量增大有关。两次还田后，E 处理（还田量 300%）的土壤全氮含量与对照并无显著差异。以上结果说明，蔬菜废弃物在一定还田次数和还田量范围内，不会增加氮素淋溶的风险。

表 3 - 63 尾菜还田量对土壤全氮含量的影响

单位：g/kg

	处理	A	B	C	D	E	平均
第一茬	喷洒	1.42±0.11	1.51±0.25	1.59±0.17	1.61±0.07	1.62±0.23	1.55±0.08a
	未喷	1.34±0.07	1.40±0.04	1.38±0.10	1.61±0.08	1.62±0.23	1.47±0.08a
	平均	1.38±0.10b	1.45±0.17ab	1.48±0.17ab	1.61±0.07a	1.62±0.21a	
第二茬	喷洒	1.22±0.07	1.27±0.13	1.26±0.22	1.27±0.10	1.07±0.28	1.22±0.08a
	未喷	0.99±0.12	1.00±0.08	1.07±0.12	1.09±0.22	1.07±0.28	1.04±0.08b
	平均	1.10±0.15a	1.13±0.18a	1.17±0.19a	1.18±0.18a	1.07±0.25a	

3. 对蔬菜地 CO_2 排放的影响

从图 3 - 62 第一茬生菜生长季土壤 CO_2 排放的动态变化来看，主副处理间交互作用不显著（$P=0.68$），整个生长季中各处理 CO_2 排放通量变化比较一致。土壤 CO_2 排放在 7 月 3 日出现明显排放峰，这可能是 7 月 1 日的灌溉提高了土壤含水量，且此时土壤通气性增强，进而提高了土壤微生物活性引起的。而 7 月 9 日后各处理 CO_2 排放通量均有所增加，可能与生菜进入生长季后期，植株进行光合作用争夺空间导致土壤表面空气流动性降低，造成 CO_2 浓度升高有关。整个生长季各处理 CO_2 平均排放通量介于 70.79～80.55 mg/（$m^2 \cdot h$）。以上结果说明，第一次蔬菜废弃物还田后，对生菜生长季 CO_2 排放无显著影响。

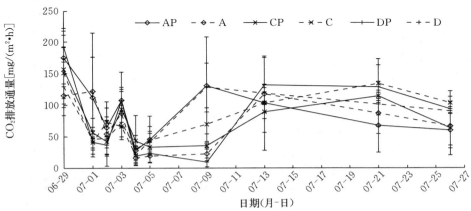

图 3 - 62 尾菜还田后第一茬生菜生长季土壤 CO_2 排放动态变化

注：AP、CP、DP 分别为处理 A、C、D 的喷施消毒剂处理。

第二次还田后，各处理 CO_2 排放通量均表现出逐渐降低的变化趋势，且 CO_2 的排放主要集中在生菜生长季的前期。不同还田量处理之间土壤 CO_2 平均排放通量呈显著性差异（图 3-63）。其中 D 和 E 处理的土壤 CO_2 平均排放通量显著高于对照处理（$P=0.04$），分别为对照的 2.07 倍和 2.55 倍；B 和 C 处理与对照无显著差异。以上结果说明，100% 以上较大量还田显著增加了 CO_2 排放量。

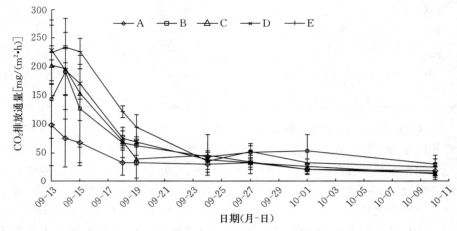

图 3-63　尾菜还田后第二茬生菜生长季土壤 CO_2 排放动态变化

4. 对 N_2O 排放的影响

从图 3-64 可以，各处理土壤 N_2O 排放整体呈现出逐渐降低的趋势，其中 7 月 9 日出现明显排放峰，这可能与 7 月 8 日灌溉引起的干湿交替有关。

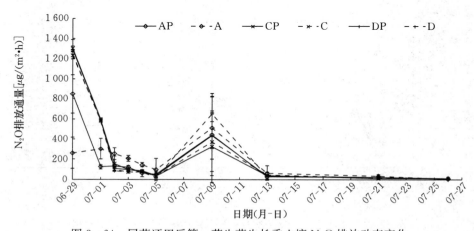

图 3-64　尾菜还田后第一茬生菜生长季土壤 N_2O 排放动态变化

从第一天各处理 N_2O 排放通量分析来看，主副处理间交互作用显著（$P=0.0017$），还田处理 N_2O 排放通量显著高于对照（$P<0.0001$），CP 处理的 N_2O 排放通量最高，分别为 AP 和 A 处理的 1.53 倍和 4.97 倍。对各处理整个生长季 N_2O 平均排放通量分析来看，主副处理间交互作用不显著（$P=0.91$）；主处理间差异亦不显著（$P=0.96$），但不同还田量处理间差异显著（$P=0.0034$），与对照相比，C 和 D 处理排放通量增加 38.53% 和 46.75%，二者间差异不显著。

图 3-65 为第二茬生菜生长季土壤 N_2O 排放动态变化。各处理 N_2O 排放通量变化与第一茬时的趋势相同，但未出现明显排放峰，这可能与第二茬生菜生长期内，土壤蒸腾作用较低，仅在定植时进行了一次灌溉有关。整个生长季内，各处理 N_2O 平均排放通量差异极显著（$P=0.0016$），蔬菜废弃物还田后显著提高了 N_2O 排放量，其中 D 处理的排放量最高，达到 320.26 $\mu g/(m^2 \cdot h)$，为对照的 2.73 倍。

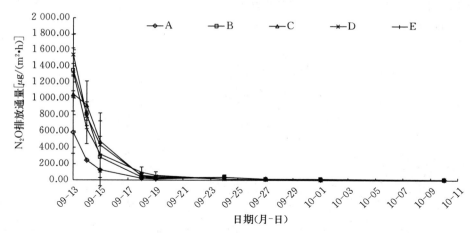

图 3-65　尾菜还田后第二茬生菜生长季土壤 N_2O 排放动态变化

本项技术应用后各类温室气体的排放均较未还田处理有所增加，但实质上尾菜在进行堆肥时，同样排放大量的温室气体，实验数据测定堆肥产生的总温室气体排放（以 CO_2 计）是还田处理的 2.75～3.05 倍。由此可见，尾菜的还田虽增加温室气体排放，但排放总数较堆肥途径要低得多。

（四）结论

基于尾菜含水量高、养分含量高和不易收集的特点，研发出尾菜移动式消毒粉碎一体机，及其配套消毒剂使用技术。蔬菜尾菜原位还田集成技术应用效果表明，还田对第一茬、第二茬生菜的产量无显著影响，产量略有增加趋势。蔬菜废弃物第一茬还田对后茬生菜生长季的 CO_2 和 CH_4 排放均无显著影响，第二茬高量还田显著增加了 CO_2 和 N_2O 排放通量，但温室气体排放量较堆肥处理低得多。

本项技术应用后，尾菜在田间得到及时的处理与还田，相当于投入 127.5 kg/hm²（N）、56.25 kg/hm²（P_2O_5）和 22.5 kg/hm²（K_2O），这为减少蔬菜种植中化学肥料的投入提供了重要技术保障，为降低面源污染风险提供了重要的技术支撑。

二、农田废弃物生物发酵工艺技术研发

适应区域菜田果园废弃物处理和面源污染防控需求，探索构建区域菜田果园废弃物收集、运输、处理、发酵工艺技术体系，形成资源化利用技术产品，促进区域资源循环利用、面源污染协同防控目的。

蔬菜尾菜和玉米秸秆/蘑菇渣、果园废弃物联合堆肥，调整碳氮比为 25 左右，含水量 55%～60%。番茄、黄瓜、茄子等果菜类的秸秆粉碎成 2～4 cm 小段；甘蓝、西兰花等叶菜类的尾菜粉碎成 1～2 cm 小段；玉米秸秆粉碎成 2～4 cm 小段。

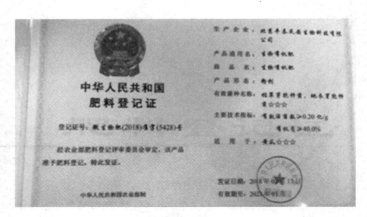

图 3-66　生物有机肥登记证

一次发酵过程中，50～60 ℃高温期为 7～10 d，达到高温堆肥卫生标准要求。一次发酵总天数控制在 20 d，之后堆体转移至陈化车间进行二次发酵。二次发酵结束，向堆体中添加地衣芽孢杆菌和枯草芽孢杆菌。生物有机肥有机质含量≥40%，有效活菌数≥0.2 亿/g，取得了农业农村部颁发的生物有机肥登记证。根据以上思路，本任务制定了一套标准化有机肥生产工艺流程（图 3-67）。

（1）原料来源　原料包括畜禽粪便、作物秸秆等有机物质，不得使用城市垃圾、污泥等物质。

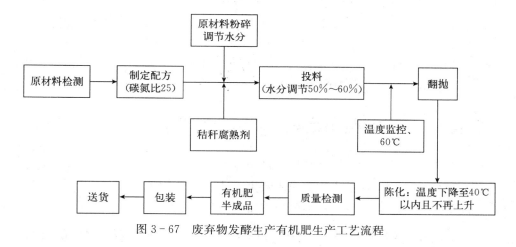

图 3-67 废弃物发酵生产有机肥生产工艺流程

（2）原材料检测 所有入场原材料检测，必须由质检人员进行感官检验，不得有石块、塑料等垃圾或成分难以控制的物质。

（3）堆肥主料和辅料 主料为畜禽粪便等，辅料为作物秸秆等。同一供应商的原料，每 200 t 进行一次全项检测，检测指标及标准参照 NY 525—2012标准，除水分指标外，其他各项指标必须高于标准，方可投料使用。

（4）堆肥添加剂 包括腐殖酸、沸石粉及其他物质，可以减少堆肥过程中的气体排放，减少环境污染并促进堆肥氮素保留。添加剂的加入必须经过有关专家论证和公司技术部许可，严禁厂长私自添加。所有辅料添加，必须告知肥料使用方。

（5）秸秆腐熟剂 必须按照使用说明保存，避免高温、高湿环境及阳光暴晒，使用时需严格按照说明添加，并且做到充分混合。

（6）堆肥过程 主辅料、添加剂、发酵菌剂充分混合后，进行布料，槽式发酵，发酵仓长 80 m、宽 2 m、高 1.5 m。发酵过程中，每 10 m 插一个温度计。温度升高至 60 ℃以上时，每天翻抛一次。20 d 后，将物料转移至陈化仓，进行二次发酵。二次发酵堆每周倒堆一次，直至温度降到 40 ℃以下且不再升高后，检测合格后进入下一道工序。

（7）半成品 根据客户需求或产品需要，添加生物菌剂等各种辅料物质时，必须保证混合充分均匀，采用分批次混合的方法，即先将所需添加物质与100 kg 发酵好的有机肥混合充分，将混合后的物料在与 1 t 有机肥充分混合，以此类推，达到充分混合均匀的目的。

（8）包装 混合完全的有机肥半成品，进行粉碎过筛处理后，即可进入包装车间，允许包装出厂。

（9）产品主要技术指标　发酵完成的有机肥产品，主要技术指标满足 NY 525—2012 标准，主要指标如下：总养分（N＋P_2O_5＋K_2O）$\geqslant$5%；有机质$\geqslant$45%；pH 6～8；总镉（以 Cd 计），$\leqslant$3 mg/kg；总汞（以 Hg 计），$\leqslant$2 mg/kg；总铅（以 Pb 计），$\leqslant$50 mg/kg；总铬（以 Cr 计），$\leqslant$150 mg/kg；总砷（以 As 计），$\leqslant$15 mg/kg；大肠杆菌值$\leqslant$100 个/g；蛔虫卵死亡率，$\geqslant$95%。

第五节　菜田果园面源污染综合防治技术与实施案例

开展面源污染防控氮、磷源头减量缓控释肥技术、化学农药绿色替代减量技术、病虫害全程减药技术集成应用效果验证，构建农业面源污染主要因子氮磷、农药负荷削减技术模式，提供集约化菜田果园污染有效防控案例。

一、缓控释肥减量与病虫害绿色防控农药减量技术集成示范

2018 年，于大兴区青云店开展有机肥配施无机肥减量，以及承担单位北京航天恒丰科技股份有限公司研发生产抗病性微生物菌剂产品、氮磷修复微生物菌剂产品集成示范应用，面积 4 hm^2。示范区基础土样理化性质，全氮 0.30%、全磷 0.23%、有机质 3.71%、pH7.06、有效磷 436.21 mg/kg、速效钾 192.5 mg/kg。设置有机肥（用量 11.25 t/hm^2）配施氮磷钾（15－15－15）复合肥（375 kg/hm^2）为对照（CK），有机肥配施缓控释氮肥（37.5 kg/hm^2、75 kg/hm^2，化肥氮减施 72%、44%）；集成抗病性微生物菌剂产品（H）、氮磷修复微生物菌剂产品（S）、抗病性微生物菌剂产品＋氮磷修复微生物菌剂产品（H＋S）技术等处理，建设示范区。种植蔬菜为黄瓜。

从产量来看，常规施肥对照为 67.13 t/hm^2，与之相比，72%化肥氮减量处理产量下降 22.69%，44%减量处理产量没有显著差异。与对照相比，航天恒丰抗病性微生物菌剂处理产量有增加趋势，达 70.50 t/hm^2，氮磷修复微生物菌剂、抗病性微生物菌剂＋氮磷修复微生物菌剂处理产量没有显著差异（图 3－68）。

从不同处理土壤硝态氮含量变化来看，与常规施肥对照相比，72%、44%减量施肥都显著降低了表层土壤硝态氮含量（17.15%、17.70%），二者之间没有显著差异。航天恒丰抗病性微生物菌剂、氮磷修复微生物菌剂等处理也呈显著下降趋势，抗病性微生物菌剂＋氮磷修复微生物菌剂处理差异不显著（图 3－69）。

从各处理病害发生症状来看，减量施肥和微生物菌剂处理发病状况较为严重，主要为黄瓜霜霉病，田间症状有疑似细菌性角斑病，病样带回实验室镜检，未发现病斑中溢菌现象，而观察到典型的黄瓜霜霉病病原古巴假霜霉菌，

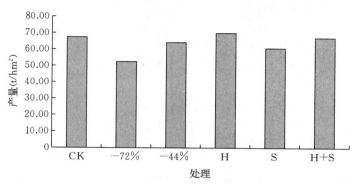

图 3 - 68 缓控释肥减量与病虫害绿色防控农药减量集成技术处理黄瓜产量

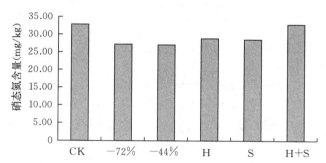

图 3 - 69 缓控释肥减量与病虫害绿色防控农药减量集成技术
处理 0~20 cm 土壤硝态氮含量

故诊断为黄瓜霜霉病。田间病斑较典型，为成株期发病，叶片上初现浅绿色水浸斑，扩大后受叶脉限制，呈多角形，黄绿色转淡褐色，后期病斑汇合成片，全叶干枯，由叶缘向上卷缩，潮湿时叶背面病斑上生出灰黑色霉层，调查棚中霜霉病发生较普遍，病叶率达 50% 以上。个别植株叶片发现灰霉病典型病斑，黑褐色圆形病斑表面有明显的灰霉病菌霉层。

黄瓜果实顶端有流胶现象，有些瓜顶端有明显的灰霉病菌霉层，果实顶端流胶但肉眼未见霉层的果实带回实验室镜检发现胶状物中有大量的灰霉病菌菌丝与分生孢子，田间有些黄瓜幼果干枯表面有明显的灰霉病菌霉层，确定黄瓜果实病害为黄瓜灰霉病，发病较重，病果率达 20% 左右。田间调查还发现菌核病零星发生。

开花期与结果期两个关键防治时期，选用 50% 杀菌剂异菌脲可湿性粉剂 1 000~1 500 倍，40% 嘧霉胺悬浮剂 1 200 倍，50% 啶酰菌胺水分散粒剂 1 000 倍等其他高效低度杀菌剂。霜霉病选择杀菌剂 50% 烯酰吗啉可湿性粉剂 1 200

倍，250 g/L 吡唑醚菌酯乳油 1 500 倍，72.2% 霜霉威水剂 800 倍，100 g/L 氰霜唑悬浮剂 1 000～1 500 倍等。

航天恒丰抗病性微生物菌剂、抗病性微生物菌剂＋氮磷修复微生物菌剂处理有零星发病症状，开花期与结果期选择敌敌畏烟剂熏棚防控霜霉病、灰霉病的发生。

以上结果说明，44% 氮肥减量施用配合航天恒丰抗病性微生物菌剂、抗病性微生物菌剂＋氮磷修复微生物菌剂处理在保证产量前提下，有较好的防治病虫害效果。72% 大量氮肥减施导致黄瓜产量下降，不利于病虫害的防治。

二、全程减药技术集成示范应用

以草莓上的二斑叶螨对常用杀螨剂产生较高抗药性为突破口，以二斑叶螨的发生规律与传播扩散途径为防控主线，提出"清理残株、培养净苗、加强监测、合理用药、释放天敌"的治理策略，以化学防治、生物防治、药剂与天敌联合使用技术和品种抗性技术为核心技术，进行二斑叶螨综合治理。

1. 全程减药技术应用

（1）上茬作物拉秧后　闷棚处理以清理上茬螨源，可结合使用辣根素。

（2）苗期　使用 43% 联苯肼酯处理以培养净苗，减轻栽培期防控压力。

（3）叶螨发生早期　螨株率在 10% 以下时，按益害比 1:（10～30）重点在二斑叶螨聚集区释放智利小植绥螨。

（4）轻度发生期　螨株率达到 10%～30% 时，按益害比 1:（10～30）重点在二斑叶螨聚集区释放智利小植绥螨。

（5）严重发生期　螨株率达到 30% 以上时，使用 43% 联苯肼酯间隔 4～7 d 连续处理 2 次，同时按益害比 1:（10～30）释放智利小植绥螨。

2. 示范区试验设计与调查

在北京市大兴区竣铭诚农业科技园内选取二斑叶螨发生程度较轻、中等和较重的 5 个草莓棚进行全程减药技术示范，每棚栽培面积为 0.133 hm²，立体种植草莓 12 000 株，草莓品种为红颜和皇家御用。对象为草莓棚内自然发生的二斑叶螨；试验用药为 43% 联苯肼酯悬浮剂（美国科聚亚公司生产）；捕食性天敌为智利小植绥螨，由首伯农（北京）生物技术有限公司生产，瓶装，每瓶 3 000 头成螨。设置 2 个生物防治区，第一个生物防治区（生物防治区Ⅰ）二斑叶螨发生程度较轻，防治前平均螨量为 2 头/叶，第二个生物防治区（生物防治区Ⅱ）二斑叶螨发生程度中等，防治前平均螨量为 110 头/叶，草莓品种均为红颜。设置 1 个化学防治区，二斑叶螨发生程度中等，防治前平均螨量为 110 头/叶，草莓品种为红颜。设置 1 个联合防治区，二斑叶螨发生程度严重，防治前平均螨量为 170 头/叶，草莓品种为皇家御用。另设 1 个对照区，二斑叶螨发生程度严重，防治前平均螨量为 380 头/叶，草莓品种为皇家御用。

参照宫亚军等研究结果，生物防治区Ⅰ按照益害比 1∶30 释放智利小植绥螨，释放 1 次。生物防治区Ⅱ按照益害比 1∶15 间隔 6 d 连续两次释放智利小植绥螨。根据调查的二斑叶螨基数计算智利小植绥螨的释放总量。释放前将瓶装智利小植绥螨均匀摇动以使捕食螨与介质蛭石混匀，然后均匀洒在草莓植株叶片上，叶螨发生聚集区域适当增加释放量。化学防治区用 43% 联苯肼酯 3 000 倍液间隔 6 d 连续喷雾处理 2 次。联合防治区先用 43% 联苯肼酯 3 000 倍液喷雾，叶片晾干后按照益害比 1∶15 释放智利小植绥螨，6 d 后同样的方法再处理一次。

选取 10 架立体栽培的草莓作为 10 次重复，每架从上中下 3 层随机标记 40 片复叶，记录每片叶上二斑叶螨幼螨、若螨和成螨的数量。每 7 d 调查 1 次，分别记录每片叶上二斑叶螨和智利小植绥螨的数量，直到草莓生长后期即试验第 42 天时结束调查。

调查结果表明生物防治区Ⅰ二斑叶螨发生轻，处理后 7 d、14 d、21 d、28 d、35 d、42 d、49 d 的防效达到 89.43%、98.03%、99.25%、97.87%、92.92%、88.97% 和 94.68%，防治效果最快最好（表 3 - 64）。生物防治区Ⅱ和化学防治区二斑叶螨发生程度相同，处于中等水平，释放智利小植绥螨比 43% 联苯肼酯 3 000 倍液化学防治的防效慢，生物防治区Ⅱ处理后 7 d、14 d 防效明显低于化学防治区，但 21 d、28 d、35 d、42 d 时生物防治区Ⅱ的防效稍高于化学防治区的防效。

联合防治区由于二斑叶螨的基数较大，处理后 7 d 的防效仅为 51.55%，经过第 7 d 的二次防治后 14 d、21 d、28 d、35 d、42 d 的存活叶螨数量逐渐减少，防效升高。空白对照区的叶螨基数由 380.47 头/叶一直增加到处理后 42 d 时的 1 296.73 头/叶，增长了 2.4 倍，而其余各个处理的叶螨数量均明显降低，生物防治区Ⅰ、生物防治区Ⅱ、化学防治区、联合防治区的叶螨数分别为 0.73 头/叶、13.16 头/叶、24.53 头/叶、27.64 头/叶。处理后 42 d 时防效由高到低依次为生物防治区Ⅱ、联合防治区、化学防治区和生物防治区Ⅰ，防效分别为 96.71%、95.35%、93.86% 和 88.97%，表明二斑叶螨发生数量中等时释放智利小植绥螨防治和药剂防治的防效都较好，对于二斑叶螨发生严重时，先用 43% 联苯肼酯 3 000 倍液压低叶螨基数，然后释放智利小植绥螨可以持续控制其种群数量。

生物防治区Ⅰ、生物防治区Ⅱ和联合防治区均释放了智利小植绥螨，二斑叶螨和智利小植绥螨的种群动态消长见图 3 - 70、图 3 - 71 和图 3 - 72。生物防治区Ⅰ仅释放 1 次智利小植绥螨，处理后 7 d 的智利小植绥螨数量最多，为

表 3 - 64　作物病虫害不同防控措施对二斑叶螨的防治效果

	基数(头)	7 d			14 d			21 d			28 d			35 d			42 d		
		活螨数(头)	减退率(%)	防效(%)	活螨数(头)	减退率(%)	防效(%)	活螨数(头)	减退率(%)	防效(%)	活螨数(头)	减退率(%)	防效(%)	活螨数(头)	减退率(%)	防效(%)	活螨数(头)	减退率(%)	防效(%)
生物防治区I	1.93	0.22	88.56	89.4	0.05	97.58	98.0	0.02	98.90	99.2	0.09	95.15	97.8	0.38	80.14	92.9	0.73	62.39	88.9
生物防治区II	105	22.3	78.83	80.4	15.7	85.09	87.8	29.0	72.44	81.1	38.5	63.43	83.9	23.1	78.03	92.1	49.1	53.44	86.3
化学防治区	117	57.3	51.03	54.7	32.9	71.91	77.1	17.7	84.85	89.6	29.4	74.85	88.9	30.2	74.20	81.2	13.1	88.77	96.7
联合防治区	174	91.4	47.57	51.5	34.9	79.96	83.7	39.8	77.17	84.4	35.4	79.67	91.0	26.8	84.58	94.5	27.6	84.15	95.3
空白对照	380	411	-8.21	—	468	-23.03	—	556	-46.38	—	865	-127.5	—	1 067	-180.4	—	1 296	-240.8	—

1.93 头/叶，随后智利小植绥螨的数量先降低后增加，原因可能为释放的智利小植绥螨部分成虫在 7 d 后自然死亡，产下的卵还未孵化。同样，生物防治区Ⅱ和联合防治区的智利小植绥螨数量都有先减后增的趋势。处理后 7 d 时各处理二斑叶螨的数量都有大幅度的降低，生物防治区Ⅰ仅释放 1 次智利小植绥螨，二斑叶螨数量在 21 d 前均降低，21～42 d 二斑叶螨数量有所增加，但均小于防治前的 2 头/叶。生物防治区Ⅱ释放 2 次智利小植绥螨，二斑叶螨的数量降低相对缓慢，处理后 21 d 时二斑叶螨数量 17.75 头/叶，减少了 85%。21～28 d 时智利小植绥螨数量相对较少，二斑叶螨的数量有小幅上升，35 d 智利小植绥螨数量增加，42 d 时二斑叶螨的数量明显减少，二斑叶螨与智利小植绥螨呈负相关。联合防治区二斑叶螨与智利小植绥螨同样存在负相关。

生物防治区Ⅰ中二斑叶螨的减退率由处理后 7 d 的 88.56% 增至 14 d、21 d 的 97.58%、98.90%，处理后 21 d 开始下滑，至 42 d 的 62.39%。原因可能是二斑叶螨基数小，处理 21 d 后智利小植绥螨的食物来源不足，使得该螨搜索捕食二斑叶螨的的数量和速度降低，更严重的食物不足还会引起智利小植绥螨的死亡，种群数量减少（图 3 - 70）。

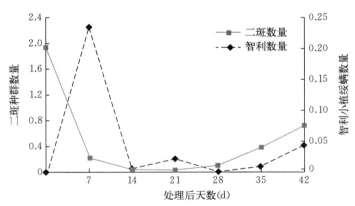

图 3 - 70　作物病虫害生物防治区Ⅰ二斑叶螨与智利小植绥螨种群动态消长规律

生物防治区Ⅱ处理后第 7 天二斑叶螨的减退率为 51.03%，随后显著增加，减退率均保持在 70% 以上，略有浮动，处理后 21 d 的减退率最高为 84.85%。联合防治区二斑叶螨的减退率变化趋势与生物防治区Ⅱ相近，处理后 7 d 减退率最低仅为 47.57%，随后显著增加，减退率维持在 75%～84% 之间。说明这两种处理智利小植绥螨很好地控制了二斑叶螨的种群数量上升（图 3 - 71）。

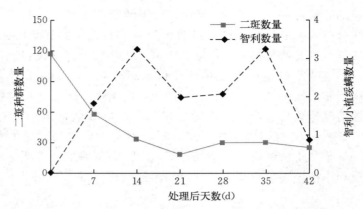

图3-71 作物病虫害生物防治区Ⅱ二斑叶螨与智利小植绥螨的种群动态消长规律

化学防治区只进行了43%联苯肼酯3 000倍液的喷雾处理，处理后7 d、14 d二斑叶螨的减退率较高为78.83%和85.09%，随后二斑叶螨的减退率依次降低，42 d时的减退率仅为53.44%，说明联苯肼酯的速效性很好，但持效性较差（图3-72、图3-73）。

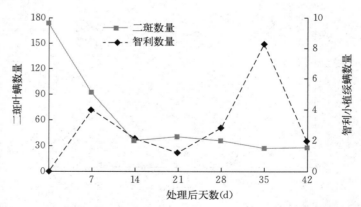

图3-72 作物病虫害联合防治区二斑叶螨与智利小植绥螨的种群动态消长规律

2016—2018年，在大兴区竣铭诚草莓种植基地进行技术示范应用，示范区内减少化学农药使用量80%以上，部分试验区实现化学农药零使用，叶螨防控效果达95%以上（图3-73）。

采取清理残株、培养净苗农艺物理，化学防治、生物防治、药剂与天敌联合使用综合防控技术，在化学农药用量大幅降低（减少80%以上）条件下，可有效防治二斑叶螨病害的发生。

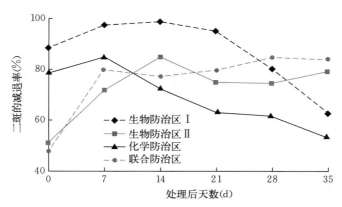

图 3-73　作物病虫害不同防治区二斑叶螨减退率

参考文献

陈娟，廖洪，赵永志，等，2017. 磷肥供应对设施结球莴苣产量和磷肥利用率的影响 [J].
　　中国蔬菜 (1)：44-49.

陈清，张宏彦，张晓晟，等，2002. 京郊大白菜的氮素吸收特点及氮肥推荐 [J]. 植物营养
　　与肥料学报，8 (4)：404-40.

陈晓影，刘鹏，程乙，等，2020. 基于磷肥施用深度的夏玉米根层调控提高土壤氮素吸收
　　利用 [J]. 作物学报，46 (2)：238-248.

董畔，张成军，彭正萍，等，2016. 郊设施黄瓜氮素施用量的优化运筹研究 [J]. 植物营养
　　与肥料学报，22 (6)：1628-1635.

杜连凤，吴琼，赵同科，等，2009. 北京市郊典型农田施肥研究与分析 [J]. 中国土壤与肥
　　料 (3)：75-78.

范盼盼，谢瑞芝，明博，等，2017. 基于不同叶位受光条件的玉米冠层光合生产能力分析
　　[J]. 玉米科学 (5)：68-72.

高峻岭，郝庆照，宋朝玉，等，2010. 平度市高肥力土壤玉米氮磷减量化施用研究初探
　　[J]. 山东农业科学，222 (2)：67-69.

侯慧杰，2018. 密植对春玉米冠层和根区土壤氮磷钾养分的时空分布特点影响研究 [D].
　　石河子：石河子大学.

侯云鹏，杨建，尹彩侠，等，2019. 氮肥后移对春玉米产量、氮素吸收利用及土壤氮素供
　　应的影响 [J]. 玉米科学，27 (2)：146-154.

李春越，党廷辉，王万忠，等，2011. 腐殖酸对农田土壤磷素吸附行为的影响研究 [J]. 水
　　土保持学报，25 (3)：77-82.

李娜，宁堂原，崔正勇，等，2015. 深松与包膜尿素对玉米田土壤氮素转化及利用的影响
　　[J]. 生态学报，35 (18)：6129-6137.

李棠庆，1985. 京郊土壤磷素状况的若干特点 [J]. 北京农学院学报 (2)：97-100.

麻万诸，章明奎，2012. 改良剂降低富磷蔬菜地土壤磷和氮流失的作用 [J]. 水土保持学报，26 (5)：22-27.

聂素梅，2010. 粉煤灰减轻富磷土壤磷渗漏流失的效果研究 [D]. 洛阳：河南科技大学.

裴雪霞，王秀斌，何萍，等，2009. 氮肥后移对土壤氮素供应和冬小麦氮素吸收利用的影响 [J]. 植物营养与肥料学报，15 (1)：9-15.

彭正萍，张家铜，袁硕，等，2009. 不同供磷水平对玉米干物质和磷动态积累及分配的影响 [J]. 植物营养与肥料学报 (4)：793-798.

王珍，武志海，徐克章，2001. 玉米群体冠层光合速率与叶面积指数关系的初步研究 [J]. 吉林农业大学学报 (2)：14-17，16.

吴建繁，王运华，贺建德，等，2000. 京郊保护地番茄氮磷钾肥料效应及其吸收分配规律研究 [J]. 植物营养与肥料学报，6 (4)：409-416.

吴建繁，2011. 北京市无公害蔬菜诊断施肥与环境效应研究 [D]. 武汉：华中农业大学.

吴琼，邹国元，史振鹏，等，2015. 北京东南郊农田土壤养分状况及空间分布特征 [J]. 北方园艺 (23)：173-178.

邢璐，王火焰，陈玉东，等，2013. 施加粪肥对潮土有机磷形态转化的影响 [J]. 土壤，45 (5)：845-849.

许俊香，邹国元，孙钦平，等，2016. 施用有机肥对蔬菜生长和土壤磷素累积的影响 [J]. 核农学报，30 (9)：1824-1832.

杨蕊，李裕元，魏红安，等，2011. 畜禽有机肥氮磷在红壤中的矿化特征研究 [J]. 植物营养与肥料学报，17 (3)：600-607.

张传忠，张慎举，向东，1999. 豫东潮土有效磷含量与土壤供磷量等的相关性研究 [J]. 河南农业科学 (11)：25-27.

张婧，李虎，王立刚，等，2014. 京郊典型设施蔬菜地土壤 N_2O 排放特征 [J]. 生态学报，34 (14)：4088-4098.

张娟，武同华，代兴龙，等，2015. 种植密度和施氮水平对小麦吸收利用土壤氮素的影响 [J]. 应用生态学报，26 (6)：1727-1734.

张有山，1996. 北京农田土壤养分肥力提高及培肥措施研究 [J]. 土壤通报，27 (3)：107-110.

张振，于振文，张永丽，等，2018. 氮肥基追比例对测墒补灌小麦植株氮素利用及土壤氮素表观盈亏的影响 [J]. 水土保持学报，32 (5)：240-245.

赵同科，张成军，杜连凤，等，2007. 环渤海七省 (市) 地下水硝酸盐含量调查 [J]. 农业环境科学学报，26 (2)：779-783.

赵亚丽，郭海斌，薛志伟，等，2015. 耕作方式与秸秆还田对土壤微生物数量、酶活性及作物产量的影响 [J]. 应用生态学报，26 (6)：1785-1792.

DENG F，WANG L，REN W J，et al.，2014. Enhancing nitrogen utilization and soil nitrogen balance in paddy fields by optimizing nitrogen management and using polyaspartic acid urea [J]. field crops research，169：30-38.

DUVICK D N，CASSMAN K G，1999. Post – Green Revolution Trends in Yield Potential of Temperate Maize in the North – Central United States［J］. Crop ence，39：1622 – 1630.

FUKA M M，BLAŽINKOV M，RADL V，et al.，2015. Effect of soil tillage practices on dynamic of bacterial communities in soil［J］. Agriculturae Conspectus Scientificus，80（3）：147 – 151.

GASTAL F，LEMAIRE G，2002. N uptake and distribution in crops：an agronomical and ecophysiological perspective［J］. Journal of Experimental Botany，53（370）：789 – 799.

KLEINMAN P J A，SHARPLEY A N，WOLF A M，et al.，2002. Measuring water – extractable phosphorus in manure as an indicator of phosphorus in runoff［J］. Soil Science Society of America Journal，66：2009 – 2015.

NAIR V D，HARRIS W G，2004. A capacity factor as an alternative to soil test phosphorus in phosphorus risk assessment［J］. New Zealand Journal of Agricultural Research，47（4）：491 – 497.

SCHJOERRING J K，HUSTED S，MÄCK G，et al.，2000. Physiological regulation of plant – atmosphere ammonia mehange［J］. Plant and Soil，221（1）：95 – 102.

第四章

粮田开展面源污染综合防治技术体系构建

第一节　技术体系构建思路和基本要求

近年来，随着市场的驱动、种植结构的调整及华北平原地下水资源的紧缺，北京地区粮田传统的冬小麦—夏玉米种植结构发生了大的调整，冬小麦播种面积的下降造成冬季裸地面积增加。针对春玉米粮田冬季生态覆盖需求高而夏秋雨热同季、施肥粗放、肥药损失高及污染风险高的现状，冬季通过筛选适合北京地区的冬季覆盖植物及其种植技术，降低土地裸露带来的污染风险；夏秋季通过研发以聚烯烃包膜技术和原位反应成膜技术的缓释肥，结合定位试验研究肥水错位施用技术，提高春玉米种植季肥料利用率、降低氮损失、降低投入成本。通过以上技术研究，形成冬季以生态覆盖技术为核心，注重轻简化、覆盖效果好、成本低；夏秋季以控释肥为载体，注重不减产、环境效应、相关产品和施用装备配套的高效一次性施用技术。最终在保证粮食生产安全的同时，实现北京市粮田种植全过程的面源污染防控。

第二节　筛选适合粮田的冬季覆盖方式

裸露农田风蚀扬尘和近地表空气中 PM10 排放对京津冀及周边空气质量影响较大，裸露或半裸露土壤是造成扬尘和空气中 PM10 的主要原因和来源（Song et al.，2016；刘奥博等，2018；Bi et al.，2017）。为了节约水资源，近年来，大田栽培作物由传统的冬小麦—夏玉米生产系统向春玉米一年一熟制演变的趋势日益加剧（Huang et al.，2012；Wang et al.，2014）。这种趋势被称为"春玉米种植带现象"。在一年一熟的种植模式下，从每年的9月中旬到次年的4月中旬，农田基本不再种植农作物，从而导致大面积土地处于空闲裸露状态。因此，在春冬季大风期间，北京地区的农田土壤风蚀扬尘现状严重。研究表明，扬尘含量与覆盖度有很大的关系，其中秸秆覆盖、直立残茬都可以有效防止农田土壤风蚀，且覆盖度越高，风蚀量降低越明显（孙乐乐，2019）。然而，目前对覆盖作物抑制扬尘的效果及环境效应还需进一步验证研究，并且研究区域内覆盖技术的实施意愿还不清楚。因此，开展了不同覆盖方式抑制扬尘的效果和环境影响的试验研究，同时，进行农户种植覆盖作物的意愿调研，为北京地区推广冬季覆盖技术所需配套政策提供依据。

目前，已有的研究结果表明，除了抑制扬尘，冬季覆盖作物在为后续作物提供土壤肥力效益的同时（Clark，2007；Sainju et al.，2008），还可能减少氮损失（Bowen et al.，2018；Weil et al.，2007）。研究表明，覆盖作物替代裸地可以增加土壤中的氮存量，从而改变土壤肥力和养分循环（Dinnes et al.，2002；Sérgio et al.，2005；Ambrosano et al.，2011）。另外，与裸地相比，种植覆盖作物能降低淋溶氮损失，因为覆盖作物可直接吸收氮或固定土壤残留氮（Ruffo et al.，2004）。Meta 分析表明，玉米收获后的秋季覆盖作物种植通常会导致硝酸盐淋失减少（Tonitto et al.，2006）。然而，Farneselli 等（2018）研究表明，在作物需要低氮和大量富氮生物量时，野豌豆的翻压则增加硝酸盐淋溶。且覆盖作物改变土壤碳和氮含量，可能由于覆盖作物的碳氮比不同而导致不同的 N_2O 和 NH_3 排放（Olesen et al.，2007）。但是，目前对覆盖作物种植对农田氮损失的综合研究还很缺乏。

根据前期调研结果和文献汇总，考虑华北平原覆盖作物类型、存活条件及其对土壤养分的影响等，选择了毛叶苕子、二月兰和冬油菜三种覆盖作物，从玉米产量、土壤氮碳动态变化与农田氮素循环过程的变化，评价冬季覆盖作物—春玉米轮作对氮损失及其环境效应的影响，为首都粮田开展冬季覆盖作物种植及推广应用提供数据支撑。

一、冬季覆盖作物的种植意愿研究

选择粮食作物播种面积超过 1 万 hm^2 的区域，大兴区、顺义区、延庆区、房山区、密云区和通州区，进行了冬季覆盖作物种植意愿的调研工作，涉及 6 个乡镇 15 个村，共获得 112 份有效问卷。

调研问卷共分为 3 部分：

第一部分是基本信息，包括农户的性别、年龄、受教育程度、家庭人数、劳动力人数等，见表 4 - 1。

第二部分为农户对环境影响的认识调查。

第三部分为影响农户种植冬季覆盖作物的因素、风险及激励农户的政策措施等。

表 4 - 1　调研农户信息表

项目	分级	占分比（%）
性别	男	41.1
	女	58.9
年龄（岁）	31～40	1.8
	41～50	10.7
	51～60	48.2
	≥61	39.3
受教育程度	小学及以下	37.5
	初中	50.9
	高中/中专	7.14
	大专	1.78
家庭总人数	≤3	30.4
	4～6	58.9
	≥7	10.7
劳动力人数	1	37.5
	2	58.0
	≥3	4.50

（一）限制农户种植冬季覆盖作物的因素及其影响程度

针对限制农户种植冬季覆盖作物的影响因素，调研其对农户的限制程度（图 4 - 1）。对于限制程度最强烈的因素，第一个是政府补贴，第二个是是否增加经济收入，分别占 83.9％和 75.0％；花费时间和精力、增加灌溉量、缺少播种和刈割设备三个因素占比为 42％～45％；增加施肥量和减少下季作物产量，占 26.0％～31％。对于限制程度较为强烈的因素，花费时间和精力、增加灌溉量、缺少播种和刈割设备、增加施肥量、减少下季作物产量、延迟下一季作物播种和冬季作物吸收土壤养分，占 11％～16％。总体来说，政府补贴是农户考虑是否种植冬季覆盖作物的首要因素，其次是是否增加了经济收入。

（二）促使农户种植冬季覆盖作物意愿的相关政策和措施

针对促使农户种植冬季覆盖作物意愿的相关政策和措施（图 4 - 2），排在第一位的措施中，补贴占 67.0％，政府统一种占 14.6％。排在第二位的措施中，免费提供种子占 44.8％，补贴占 20.8％，提供配套播种和刈割等配套服务占 18.8％。排在第三位的措施中，提供配套播种和刈割等配套服务占

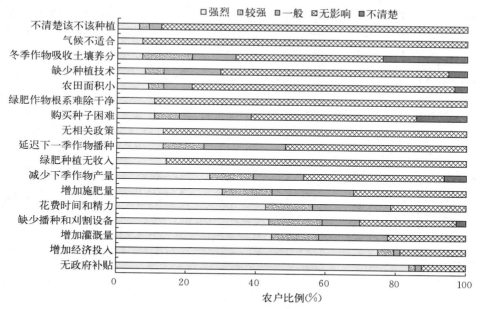

图 4-1　限制农户种植冬季覆盖作物的因素及其影响程度

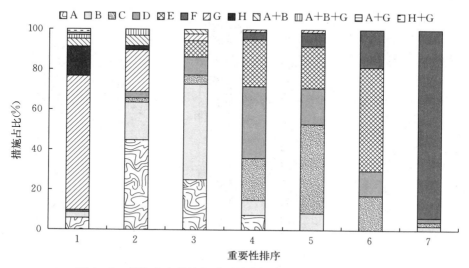

图 4-2　促使农户种植冬季覆盖作物意愿的配套政策和措施

注：A 为免费提供种子；B 为提供配套播种和刈割等配套服务；C 为提供易种植和管理的作物类型；D 为种植技术指导；E 为技术专家提供种植技术和管理办法；F 为宣传培训，普及绿肥种植的相关知识；G 为补贴；H 为政府统一种。

47.7%，免费提供种子占 25%。排在第四位的措施中，种植方法等技术指导占 35.8%，技术专家提供种植技术和管理办法占 23.5%，提供易种植和管理的作物类型占 21.0%。排在第五位的措施中，提供易种植和管理的作物类型占 44.4%，技术专家提供种植技术和管理办法等技术指导占 18.1%～20.8%。总体来说，政府提供补贴和政府统一种植覆盖作物是推广覆盖作物的首要考虑措施。

（三）农户希望种植冬季覆盖作物得到的收益

针对种植冬季覆盖作物可能获得的经济、环境和社会效益，包括土壤质量提高、经济收入增加、抑制杂草生长、环境保护、增加下季作物产量等（图 4-3），通过调研农户进行了排序。结果表明，有 78.6% 的农户最关心的问题是种植冬季覆盖作物能否带来经济收入的增加，15.7% 的农户最关心的问题是是否增加夏季作物产量，而抑制杂草和环境保护作用排在最后。第二关注的问题是是否增加夏季作物产量，占 72.1%，其次是经济收入，占 11.8%。第三关注的问题是抑制杂草，占 47.0%，其次是土壤质量的提高，占 30.3%。从农户希望获得的好处的重要性排序，环境保护的比例在逐渐升高，在第五关注的问题中达 70.0%。总体来说，种植冬季覆盖作物能否带来经济收入的增加是农户对冬季覆盖作物最关心的问题，其次是是否增加夏季作物产量。

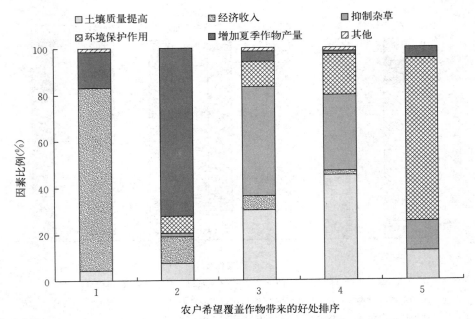

图 4-3　农户希望冬季覆盖作物带来的收益

（四）农户对农田带来的可能环境风险的认识

28.8％的农户认为裸地增加了扬尘的程度严重，38.7％的农户认为程度较强，24.3％的农户认为裸地不会增加扬尘。对于农药的环境影响，10.8％的农户认为污染程度严重，有51.3％的农户认为污染程度较轻，还有26.1％的农户认为农药不会污染环境。对于化肥及其对水体环境的影响，47.8％～57.7％的农户认为化肥对环境无影响，25.2％～29.7％的农户认为影响较轻，仅4.51％～7.21％的农户认为化肥对环境影响程度严重。73.0％的农户认为降雨不会冲刷土壤造成土壤的流失。84.7％的农户认为化肥施用不过量，仅5.41％的农户认为化肥施用稍微过量，但还有9.91％的农户不清楚化肥是否施用过量。

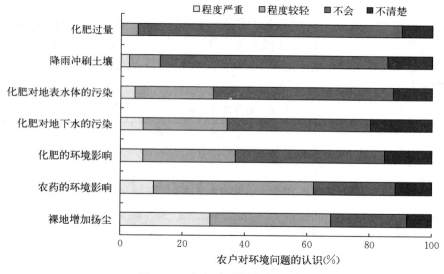

图 4-4　农户对环境影响的认识

（五）集成示范推广影响因素

调研农户环境意识好，对种植冬季覆盖作物认识较积极；种植冬季覆盖作物的障碍因子：高昂的补贴需求、不确定的成本投入、无配套农机设备、农民老龄化严重。

二、不同植被覆盖措施对土壤养分的影响

春玉米种植前，在顺义区、大兴区、通州区、延庆区、怀柔区、密云区和房山区，共计22个乡镇，选择分布在不同区域的5种农田覆盖方式与裸地进行多点采样，采样深度为0～20 cm，分别是：冬闲田（CK）、秸秆覆盖（T1）、小麦覆盖（T2）、杂草覆盖（T3）、二月兰覆盖（T4）、冬油菜覆盖

（T5）。利用新鲜土样测定土壤硝态氮（$NO_3^- - N$）、铵态氮（$NH_4^+ - N$）、土壤微生物量碳（SMBC）、土壤微生物量氮（SMBN）和土壤微生物量磷（SMBP）；样品风干后，测定土壤全氮（TN）、有机碳（SOC）、碱解氮、有效磷、速效钾、pH 和土壤碱性磷酸酶活力。

（一）不同覆盖方式对土壤理化性质的影响

不同覆盖方式对土壤理化性质的影响不同（表 4-2），与冬闲田相比，小麦、杂草、二月兰和冬油菜的生长均显著降低了土壤含水量（$P<0.05$），其中，0～10 cm 和 10～20 cm 层土壤含水量均以二月兰处理降低幅度最大，分别为 43.4% 和 46.7%（$P<0.05$）。与冬闲田相比，杂草显著提高了 0～10 cm 土壤有机质的含量，达 30.5%；杂草、二月兰和冬油菜处理显著提高了 10～20 cm 土壤有机质含量，分别为 24.5%、27.9% 和 30.6%。此外，与冬闲田相比，杂草和冬油菜处理均显著提高了 10～20 cm 土壤碱解氮含量，分别为 21.2% 和 26.0%。而冬油菜处理显著降低了土壤有效磷含量。仅小麦处理 0～10 cm 土壤速效钾含量比冬闲田降低了 20.6%，其他覆盖处理土壤速效钾含量有增加趋势，但均不显著。

表 4-2　不同覆盖方式对土壤理化性质的影响

处理	层次（cm）	含水量（%）	pH	有机质（g/kg）	碱解氮（mg/kg）	有效磷（mg/kg）	速效钾（mg/kg）
CK	0～10	12.9±1.2ab	8.2±0.2ab	17.4±2.0b	78.3±4.8a	34.0±2.0a	102.9±9.0ab
T1	0～10	16.0±1.6a	8.0±0.3ab	20.1±1.8ab	89.3±2.5a	42.4±3.2a	112.6±10.8a
T2	0～10	12.1±1.2b	7.7±0.2b	19.5±2.2ab	89.0±6.7a	38.6±3.3a	81.7±6.5b
T3	0～10	9.6±0.9bc	7.9±0.2ab	22.7±1.5a	93.0±3.5a	33.8±1.8a	111.5±2.9a
T4	0～10	7.3±0.8c	8.5±0.2a	20.2±2.8ab	79.0±3.3a	23.2±1.9ab	105.1±2.6a
T5	0～10	9.9±0.7bc	8.5±0.1a	20.7±1.0ab	87.6±2.7a	6.0±0.8b	116.8±4.7a
CK	10～20	15.0±1.8ab	8.4±0.2a	14.7±1.8c	66.1±7.6c	20.7±1.7a	77.8±9.4ab
T1	10～20	16.6±1.6a	8.2±0.2a	15.5±2.0bc	69.4±7.3bc	18.6±2.4a	79.0±4.3ab
T2	10～20	14.3±1.4ab	8.0±0.2a	16.3±2.1abc	72.2±6.6abc	24.1±2.4a	70.3±2.7b
T3	10～20	11.6±1.4b	8.0±0.2a	18.3±0.7ab	80.1±4.3ab	22.1±1.1a	78.6±0.6ab
T4	10～20	8.0±0.9c	8.6±0.2a	18.8±1.1ab	75.6±2.3abc	17.4±1.8a	94.2±1.9ab
T5	10～20	12.4±0.5b	8.6±0.1a	19.2±2.4a	83.3±3.7a	3.6±1.0a	99.6±1.1a

注：CK、T1、T2、T3、T4、T5 处理代表不同覆盖方式分别为裸地、秸秆、小麦、杂草、二月兰和冬油菜。同一列英文小写字母不同表示处理间某指标差异显著（$P<0.05$）。

（二）不同覆盖方式对土壤微生物学性状的影响

土壤微生物反映了微生物对土壤保肥作用和供肥作用的相对强弱和敏感程

度，可作为评价土壤质量与生态环境质量的重要生物学有效指标。由表4-3可知，与冬闲田相比，在0～10 cm和10～20 cm土层中，不同覆盖方式均显著提高了土壤微生物量碳和土壤微生物量氮含量，其中，二月兰处理土壤微生物量碳含量提高幅度最大，分别为76.2%和130.1%。与冬闲田相比，冬油菜处理0～10 cm和10～20 cm土壤微生物量氮含量提高幅度最大，分别为95.7%和62.6%，且差异达显著水平（$P<0.05$）；不同覆盖方式间，冬油菜、二月兰和杂草处理显著高于小麦处理。然而，土壤微生物量磷和土壤碱性磷酸酶含量在各处理间无明显差异。土壤微生物量碳含量与土壤有机碳、全氮、全磷含量之间具有显著正相关性关系（$P<0.05$），可见，土壤有机质可为微生物生长繁殖提供所需的环境和营养条件，从而影响土壤微生物数量。

表4-3　不同覆盖方式对土壤微生物学性状的影响

处理	层次 （cm）	土壤微生物量碳 （mg/kg）	土壤微生物量氮 （mg/kg）	土壤微生物量磷 （mg/kg）	碱性磷酸酶 [mg/(g·d)]
CK	0～10	125.8±9.0d	18.8±2.6c	16.4±1.6a	1.2±0.1a
T1	0～10	152.4±3.5c	34.3±3.2a	25.0±1.0a	1.5±0.1a
T2	0～10	192.2±5.3b	27.5±1.8b	18.6±1.2a	1.3±0.1a
T3	0～10	157.0±4.6c	21.2±2.6 c	22.2±1.3a	1.4±0.0a
T4	0～10	221.7±8.2a	34.2±2.9a	11.0±1.0a	1.2±0.1a
T5	0～10	191.9±4.0b	36.8±0.9a	12.2±0.4a	1.5±0.1a
CK	10～20	72.0±2.4d	17.1±1.7c	13.5±1.0a	0.9±0.1a
T1	10～20	89.4±1.2c	22.1±2.3b	21.0±0.8a	1.0±0.1a
T2	10～20	119.0±1.4b	21.2±1.6b	11.6±1.0a	1.0±0.1a
T3	10～20	95.5±1.1c	16.3±1.9c	9.7±0.5a	1.0±0.1a
T4	10～20	165.7±1.2a	26.0±0.7a	10.1±0.4a	1.0±0.0a
T5	10～20	118.1±9.7b	27.8±1.0a	9.8±0.7a	1.2±0.1a

注：CK、T1、T2、T3、T4、T5处理代表不同覆盖方式分别为裸地、秸秆、小麦、杂草、二月兰和冬油菜。同一列英文小写字母不同表示处理间某指标差异显著（$P<0.05$）。

（三）不同覆盖方式对土壤硝态氮和铵态氮含量的影响

从图4-5可以看出，与冬闲田相比，小麦显著提高了0～10 cm和10～20 cm土壤硝态氮含量，分别提高了68.4%和144%；秸秆覆盖、杂草、二月兰和冬油菜则均显著降低了0～10 cm土壤硝态氮含量（$P<0.05$）；杂草和冬油菜显著降低了10～20 cm土壤硝态氮含量，分别达74.4%和66.8%（$P<$

0.05）。此外，与冬闲田相比，其他处理均显著降低了土壤铵态氮含量（$P<$ 0.05），其中，二月兰处理在 0～10 cm 和 10～20 cm 土层中土壤铵态氮含量降幅最大，分别为 70.8% 和 71.9%，其次是冬油菜处理。

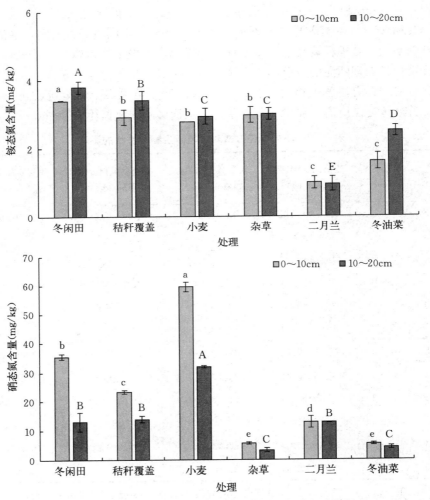

图 4-5　不同覆盖方式对土壤硝态氮和铵态氮含量的影响

注：图中不同小写字母表示 0～10 cm 土壤不同处理间差异显著（$P<0.05$），不同大写字母表示 10～20 cm 土壤不同处理间差异显著（$P<0.05$）。

从大田覆盖作物研究结果来看，不同覆盖方式对土壤理化性质、微生物特性及土壤无机氮含量的影响不同。与冬闲田相比，秸秆覆盖有利于提高土壤含水量，但对于土壤微生物特性和土壤硝态氮和铵态氮含量的影响较小；小麦覆盖则显著提高了土壤硝态氮损失；综合不同覆盖方式对土壤养分含量、微生物特性及土壤硝态氮和铵态氮的影响，在北京市郊区农田冬季种植二月兰和冬油菜，达到改善土壤肥力和保护生态环境的目的。

三、冬季覆盖作物筛选与覆盖效果研究

考虑华北平原覆盖作物类型、存活条件及其对土壤养分的影响等，并根据调研结果，选择了 3 种覆盖作物：毛叶苕子（*Vicia villosa* Roth）、二月兰（*Orychophragmus violaceus*）和冬油菜（*Brassica campestris* L.）。

根据土壤在冬季的不同覆盖方式，在北京市昌平区开展覆盖作物的营养学、生物学和环境效应研究，时间为 1 年。设置 4 个处理：冬闲田、毛叶苕子、二月兰、冬油菜，每个处理 3 次重复，随机区组排列。覆盖作物播种后第二年 4 月底（覆盖作物盛花期）进行全量翻压入土，并于 5 月中下旬播种玉米。玉米季施肥量为 N 150 kg/hm²、P_2O_5 33 kg/hm²、K_2O 37 kg/hm²，氮肥用尿素（含 N 46%），磷肥用过磷酸钙（含 P_2O_5 18%），钾肥为氯化钾（含 K_2O 60%）。在基肥期，施 50% 的氮肥和全部的磷、钾肥，另外 50% 的氮肥在玉米小喇叭口期进行追施。覆盖作物生长期间不施任何肥料和农药、无灌溉，玉米生长季也无灌溉。

取部分鲜土用于测定土壤微生物量碳、土壤微生物量氮和土壤微生物量磷含量。另一部分土壤进行风干，用于测定土壤总氮、总磷、总钾、有机碳、碱解氮、有效磷、速效钾含量，pH，以及土壤脲酶、碱性磷酸酶和蔗糖酶活力。N_2O 气体采集和测定采用静态暗箱法-气相色谱法。采用密闭室间歇通气法测定土壤 NH_3 挥发。采用淋溶池法采集和测定淋溶氮量。在作物成熟期，分为秸秆、籽粒和根部进行植株样品采集，测量植株的秸秆产量、籽粒产量；然后分部位分别测定秸秆和籽粒部分的全氮、全磷、全钾含量。

（一）冬季覆盖作物对土壤肥力和微生物学性状的影响

1. 不同冬季覆盖作物处理对土壤理化性质的影响

由表 4-4 可见，冬季覆盖作物均有不同程度的保水功能，土壤含水量较冬闲田提高了 8.6%～16.7%，其中，冬油菜处理提高幅度最大。与冬闲田相比，冬季覆盖作物都不同程度地降低了土壤容重，下降范围为 0.07～0.21 g/cm³，其中二月兰和冬油菜处理显著降低（$P<0.05$）。不同作物覆盖地面后，除有机碳、碱解氮、pH 和速效钾含量变化不明显外，全氮、全磷和有效磷含量较冬闲田均有不同程度的提高。其中，与冬闲田相比，毛叶苕子和冬油菜处理全氮和全磷含量显著提高（$P<0.05$），全氮含量提高幅度分别为 11.4% 和 13.2%，全磷含量分别提高了 3.7% 和 3.7%；二月兰和冬油菜处理有效磷含量显著提高了 33.3% 和 32.0%（$P<0.05$）。

表 4 - 4　不同覆盖作物种植对土壤理化性质的影响

处理	含水量 （%）	土壤容重 （g/cm³）	土壤 pH （26 ℃）	有机碳 （g/kg）	全氮 （g/kg）	全磷 （g/kg）	碱解氮 （mg/kg）	有效磷 （mg/kg）	速效钾 （mg/kg）
CK	9.53± 0.22b	1.19± 0.01a	8.47± 0.03b	12.33± 0.11a	1.14± 0.02b	0.82± 0.01b	86.00± 0.20a	3.66± 0.04b	90.57± 7.18a
Vr	10.81± 0.59ab	1.12± 0.13ab	8.50± 0.03ab	12.57± 0.44a	1.27± 0.11a	0.85± 0.02a	86.10± 0.30a	4.09± 0.44ab	90.14± 5.36a
Ov	10.35± 1.33ab	0.98± 0.04b	8.46± 0.05b	12.41± 0.05a	1.25± 0.03ab	0.83± 0.02ab	86.07± 1.67a	4.88± 0.44a	98.30± 7.37a
Bc	11.12± 0.54a	0.99± 0.10b	8.55± 0.05a	12.58± 0.05a	1.29± 0.05a	0.85± 0.00a	86.67± 2.78a	4.83± 0.21a	97.23± 7.13a

注：Vr、Ov 和 Bc 处理指覆盖作物分别为毛叶苕子、二月兰和冬油菜。同一列英文小写字母不同表示处理间某指标差异显著（$P<0.05$）。

2. 不同冬季覆盖作物处理对土壤微生物量的影响

土壤微生物量的大小反映了微生物对土壤中能量和养分循环及有机物质的转化数量，同时也体现微生物对土壤保肥作用和供肥作用的相对强弱和敏感程度，能及时地预示土壤的质量状况，可作为评价土壤肥力和土壤质量早期变化的重要生物学有效指标。由图 4 - 6 可知，冬季覆盖作物能显著影响土壤微生物量碳、氮、磷（$P<0.05$）。与冬闲田相比，覆盖作物能显著提高土壤微生物碳、土壤微生物氮和土壤微生物磷含量，分别提高了 15.6%～30.5%、16.2%～32.3%和 38.5%～85.4%。其中，种植冬油菜后，土壤微生物碳、土壤微生物氮和土壤微生物磷提高幅度最大，较冬闲田分别提高 30.5%、32.3%和 85.4%。不同覆盖作物土壤微生物量由大到小依次均为冬油菜、毛叶苕子和二月兰，但处理间差异不显著（$P>0.05$）。

3. 不同冬季覆盖作物处理对土壤酶活力的影响

土壤酶是土壤生态系统中良好的感应器，其活性变化能较好地反映土壤肥力的变化，自身数量和性质的变化能够灵敏地反映环境因子、土地利用模式和农业生产活动的变化，被用作评价土壤质量与生态环境质量、体现微生物群落状态与功能变化及表征土壤物质能量代谢旺盛程度优劣与土壤养分转化和运移能力强弱的一个重要生物指标。由图 4 - 7 可知，与冬闲田相比，种植冬季覆盖作物的土壤碱性磷酸酶、蔗糖酶和脲酶活力均有所提高，增加范围分别为0.11～0.21 mg/g、3.84～4.98 mg/g 和 0.31～1.10 mg/g。不同覆盖作物土壤蔗糖酶和脲酶活力由大到小均表现为冬油菜、毛叶苕子和二月兰。其中，与冬闲田相比，冬油菜处理碱性磷酸酶、蔗糖酶和脲酶活力提高幅度最大，分别为 11.4%、17.7%和 21.7%，差异显著（$P<0.05$）。此外，冬油菜处理土壤

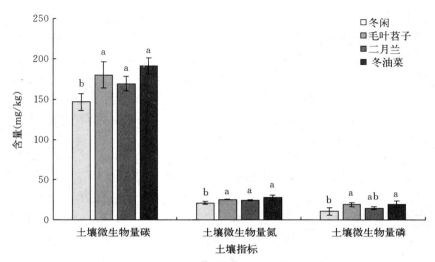

图 4-6 不同冬季作物覆盖后土壤微生物量

注：Vr、Ov 和 Bc 处理指覆盖作物分别为毛叶苕子、二月兰和冬油菜。图中不同小写字母表示不同处理间差异显著（$P<0.05$）。

脲酶活力显著（$P<0.05$）高于毛叶苕子和二月兰处理，冬油菜和二月兰处理土壤碱性磷酸酶活力显著高于毛叶苕子处理。

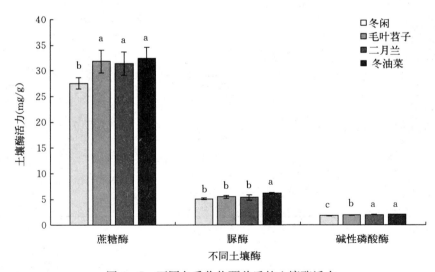

图 4-7 不同冬季作物覆盖后的土壤酶活力

注：Vr、Ov 和 Bc 处理指覆盖作物分别为毛叶苕子、二月兰和冬油菜。图中不同小写字母表示不同处理间差异显著（$P<0.05$）。

总体来看，与冬闲田相比，冬季覆盖作物都不同程度地降低了土壤容重。作物覆盖处理全氮、全磷和有效磷含量较冬闲田均有不同程度的提高，其中，毛叶苕子和冬油菜处理的全氮和全磷含量显著提高；二月兰和冬油菜处理有效磷含量显著提高。与冬闲田相比，冬季覆盖作物能显著影响土壤微生物量碳、氮和磷含量，但不同覆盖作物差异不显著，其中，冬油菜的提高幅度最大。与冬闲田相比，冬季覆盖作物的土壤碱性磷酸酶和蔗糖酶活力显著提高，而土壤脲酶活力仅在冬油菜处理有显著提高；冬油菜处理土壤碱性磷酸酶、蔗糖酶和脲酶活力提高幅度最大。

（二）冬季覆盖作物翻压对玉米产量和土壤养分的影响

1. 翻压覆盖作物对玉米产量及养分吸收量的影响

毛叶苕子、二月兰和冬油菜作为覆盖作物，其生物量和养分特性是影响土壤和作物的重要因素。翻压覆盖作物能够显著提高玉米籽粒产量及植株根部养分吸收量（表 4-5）。不同覆盖作物处理玉米产量分布在 $8.85 \sim 10.8$ t/hm²，显著高于冬闲田—玉米处理玉米产量，增加了 $11.6\% \sim 36.5\%$。二月兰—玉米和冬油菜—玉米处理玉米产量均显著高于毛叶苕子—玉米处理，分别提高了 22.3% 和 13.7%（$P < 0.05$）。

表 4-5　翻压覆盖作物对玉米产量性状及养分吸收量的影响

	冬闲田—玉米	二月兰—玉米	毛叶苕子—玉米	冬油菜—玉米
籽粒产量（kg/hm²）	7 935±373c	10 828±171a	8 853±165b	10 066±302a
氮素吸收（kg/hm²）	147.3±13.4a	153.3±3.29a	168.3±14.4a	156.5±9.07a
籽粒	90.1±8.61a	90.1±3.39a	99.8±8.25a	96.8±6.45a
秸秆	37.4±5.44a	33.5±0.67a	38.4±6.25a	35.4±3.33a
根部	19.8±0.25c	29.6±0.15a	30.1±0.14a	24.3±0.38b
磷素吸收（kg/hm²）	29.0±5.51a	31.2±0.83a	37.2±4.06a	38.1±2.74a
籽粒	23.7±4.94a	25.4±0.50a	28.9±2.94a	29.2±2.70a
秸秆	3.54±0.74a	3.37±0.20a	4.71±1.28a	4.07±0.44a
根部	1.77±0.09c	3.64±0.15b	3.58±0.10b	4.88±0.20a
钾素吸收（kg/hm²）	122.5±16.8a	151.2±6.01a	156.9±14.0a	160.3±2.12a
籽粒	29.6±3.62a	33.4±0.84a	33.0±2.11a	37.8±4.20a
秸秆	73.7±13.6a	82.2±6.20a	85.8±11.5a	87.8±4.59a
根部	19.2±0.46c	35.6±0.45b	38.1±0.53a	34.6±0.51b

注：不同小写字母表示各处理间差异显著（$P < 0.05$）。

与冬闲田—玉米处理相比，不同覆盖作物处理玉米的地上部吸氮量有增加，但不显著，而地下部吸氮量显著提高 $22.7\% \sim 52.0\%$。二月兰—玉米和毛叶苕子—玉米处理地下部吸氮量均显著高于冬油菜—玉米处理，分别提高了 21.8% 和 23.9%。

与冬闲田—玉米处理相比，不同覆盖作物处理玉米的地上部吸磷量和吸钾量无显著变化，但地下部吸磷量和吸钾量显著提高。冬油菜—玉米处理地下部吸磷量均显著高于二月兰—玉米和毛叶苕子—玉米处理，分别提高了34.1%和36.3%。毛叶苕子—玉米处理地下部吸钾量均显著高于二月兰—玉米和冬油菜—玉米处理，分别提高了7.0%和10.1%。

2. 翻压覆盖作物对土壤理化性质的影响

由表4-6可见，覆盖作物翻压后能显著降低土壤容重和土壤pH（$P<0.05$），降幅分别为0.23~0.29 g/cm³和0.02~0.03。翻压覆盖作物均能显著提高0~10 cm和10~20 cm土层有机质、碱解氮、有效磷、速效钾、全氮和全钾含量（$P<0.05$）。其中，0~10 cm土层中，与冬闲田—玉米处理相比，冬油菜—玉米处理土壤容重和pH降低幅度最大，分别为21.3%和0.35%；冬油菜—玉米处理的有机质、有效磷、速效钾、全氮和全钾含量提高幅度也最大，分别为5.59%、39.0%、8.50%、10.7%和7.19%；毛叶苕子—玉米处理碱解氮含量显著提高了14.6%（$P<0.05$）。在10~20 cm土层中，冬油菜—玉米处理土壤pH较冬闲田—玉米处理显著降低了1.2%，有机质、碱解氮和全氮含量则分别提高了9.8%、8.9%和8.8%（$P<0.05$）；与冬闲田—玉米处理相比，有效磷、速效钾和全钾含量则以二月兰—玉米处理提高幅度最大，分别为62.9%、11.7%和2.6%，而二月兰—玉米处理全磷含量降低幅度最大，降幅为7.3%，且差异显著（$P<0.05$）。总体来说，与毛叶苕子—玉米处理和二月兰—玉米处理相比，冬油菜—玉米处理玉米季土壤养分含量提高幅度最大。

表4-6　翻压覆盖作物对下季玉米生长季土壤理化性质的影响

处理	层次 （cm）	容重 （g/cm³）	pH	有机质 （g/kg）	碱解氮 （mg/kg）	有效磷 （mg/kg）	速效钾 （mg/kg）	全氮 （g/kg）	全磷 （g/kg）	全钾 （g/kg）
WFM	0~10	1.36a	8.60a	20.22d	50.92c	3.41c	73.05d	1.03b	0.84a	19.89d
VrM	0~10	1.13b	8.58ab	20.99b	58.35a	4.51b	73.86c	1.11a	0.85a	20.14c
OvM	0~10	1.10b	8.57b	20.66c	55.45b	3.45c	76.25b	1.11a	0.85a	20.67b
BcM	0~10	1.07b	8.57b	21.35a	54.50b	4.74a	79.26a	1.14a	0.83a	21.32a
WFM	10~20	—	8.64a	19.09c	49.85c	1.59d	67.62c	1.02b	0.82a	19.51c
VrM	10~20	—	8.62a	20.92a	54.15a	2.22c	67.68c	1.06ab	0.86a	19.86b
OvM	10~20	—	8.59b	20.58b	52.50b	2.59a	75.55a	1.08a	0.76b	20.01a
BcM	10~20	—	8.54c	20.96a	54.30a	2.40b	71.25b	1.11a	0.86a	20.00a

注：WFM、VrM、OvM、BcM处理指不同轮作模式分别为冬闲田—玉米、毛叶苕子—玉米、二月兰—玉米、冬油菜—玉米。不同小写字母表示各处理间差异显著（$P<0.05$）。

翻压覆盖作物能有效降低土壤铵态氮和硝态氮含量（图4-8）。随玉米生育期的推进，其根际土壤的铵态氮和硝态氮含量逐渐降低，且其变化趋势基本一致。土壤铵态氮和硝态氮含量在玉米幼苗期最高，在拔节期到成熟期变化较为稳定，在玉米全生育期冬闲田—玉米处理的铵态氮和硝态氮含量均最高，在幼苗期分别为 8.95 mg/kg 和 55.3 mg/kg。

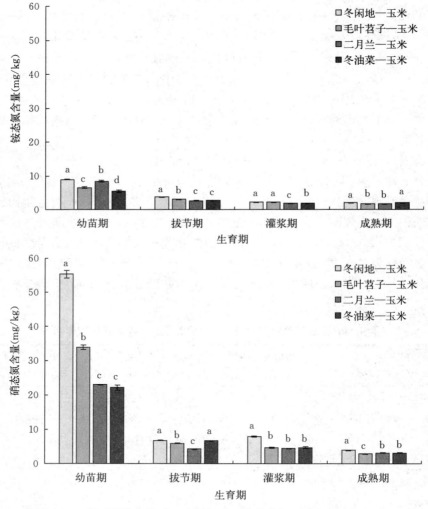

图4-8　翻压覆盖作物对玉米生长季土壤铵态氮和硝态氮含量的影响

注：图中不同小写字母表示不同处理间差异显著（$P<0.05$）。

3. 翻压覆盖作物对土壤微生物量的影响

图4-9表明，随玉米生育期推进土壤微生物量碳、土壤微生物量氮和土

壤微生物量磷的变化趋势基本一致，各个翻压覆盖作物处理的土壤微生物量碳、土壤微生物量氮和土壤微生物量磷含量均高于冬闲田—玉米处理，且达显著水平（$P<0.05$）。在幼苗期（覆盖作物翻压后第 40 天），毛叶苕子—玉米处理、二月兰—玉米处理和冬油菜—玉米处理的土壤微生物量碳、土壤微生物量氮和土壤微生物量磷含量较冬闲田—玉米处理提高幅度最大，增幅分别为 $58.0\%\sim73.8\%$、$95.5\%\sim117.0\%$ 和 $203\%\sim267\%$。这是由于在玉米幼苗期对养分需求较少，覆盖作物翻入土壤后为微生物提供大量的有机碳源和氮源，使微生物量数量迅速升高。从拔节期到灌浆期，土壤微生物量碳、土壤微生物量氮和土壤微生物量磷的含量变化相对稳定。在成熟期，各个处理的土壤微生物量碳、土壤微生物量氮和土壤微生物量磷含量相对较低，且与冬闲田—玉米处理均达显著差异（$P<0.05$）。

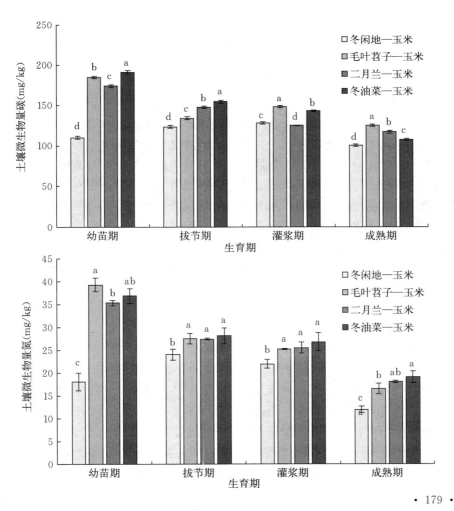

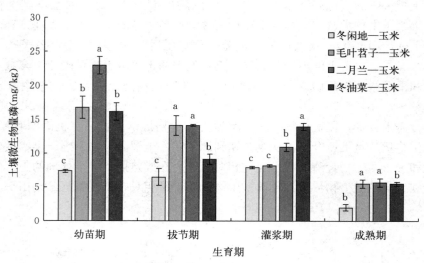

图 4-9 翻压覆盖作物对玉米生长季土壤微生物量的影响

注：图中不同小写字母表示不同处理间差异显著（$P<0.05$）。

翻压冬季覆盖作物能够成为优质的养分丰富的生物肥源和有机肥料，能够增加作物产量、提高土壤肥力、改善耕层性质，最终达到土壤水、肥、气、热的协调。总体来看，毛叶苕子、二月兰和冬油菜 3 种冬季覆盖作物翻压后均有利于提高土壤养分含量、微生物量含量和玉米产量。其中，与翻压毛叶苕子处理相比，翻压二月兰和冬油菜处理显著提高了玉米产量及土壤有效磷、速效钾和全钾含量；翻压冬油菜处理地上部养分吸收量显著高于其他两个覆盖作物处理；在整个玉米生育期内，翻压 3 种冬季覆盖作物均显著提高了土壤微生物量碳、氮、磷含量，显著降低了土壤无机氮含量，有利于减少土壤氮素的流失风险。综上，在华北平原潮褐土上冬油菜—玉米轮作和二月兰—玉米轮作模式效果较好，毛叶苕子—玉米轮作模式次之。

（三）覆盖作物对农田氮损失的影响

1. 翻压覆盖作物对土壤 NH_3 挥发的影响

玉米生长季氨（NH_3）挥发主要发生在追肥期（除二月兰外）（图 4-10）。在基肥期，二月兰处理增加了 NH_3 挥发量，且达显著水平；追肥期，虽然覆盖作物对 NH_3 挥发量的影响无显著变化，但有降低趋势，降低 22.2%～33.1%。从整个生长季来看，覆盖作物翻压不影响玉米季的 NH_3 挥发量。从三种覆盖作物来看，二月兰翻压处理 NH_3 挥发量最高为 21.7 kg/hm^2，其他两种覆盖作物翻压处理 NH_3 挥发量较低。NH_3 挥发主要受施肥量的影响，翻压覆盖作物替代部分化肥氮是降低农田 NH_3 挥发污染风险的重要措施。

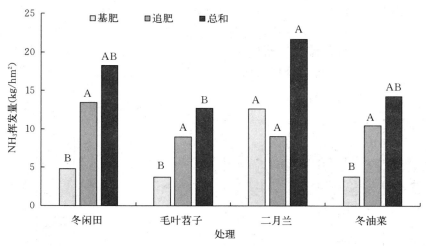

图 4-10 翻压覆盖作物对玉米生长季土壤 NH_3 挥发的影响

注：不同大写字母表示不同处理间差异显著（$P<0.05$）。

2. 翻压覆盖作物对土壤硝态氮淋溶的影响

硝态氮淋溶主要发生在降雨量集中的夏季，与冬闲田相比，除毛叶苕子外，冬油菜/二月兰—玉米处理均降低了硝态氮的淋溶（图 4-11）。在 3 种覆盖作物中，硝态氮淋溶量的大小顺序为毛叶苕子＞冬油菜＞二月兰。

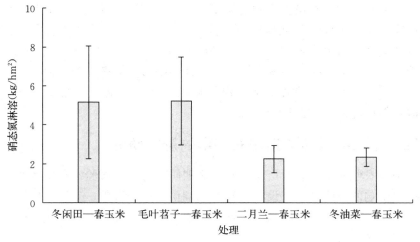

图 4-11 翻压覆盖作物对玉米生长季土壤硝态氮淋溶的影响

3. 冬季覆盖作物对 N_2O 排放的影响

覆盖作物—春玉米系统 N_2O 排放主要分布在玉米生长季，玉米生长季 N_2O 累积排放量占全年的 46.2%～54.4%（平均值为 49.4%）（图 4-12）。

与冬闲田相比，覆盖作物翻压对春玉米生长季 N_2O 累积排放量无显著影响，其中与其他两种覆盖作物相比，毛叶苕子翻压后春玉米田 N_2O 累积排放量最低。从年尺度来看，覆盖作物显著增加了 13.5%～24.6% 的 N_2O 累积排放量，其中二月兰和冬油菜处理增加量达显著性水平。

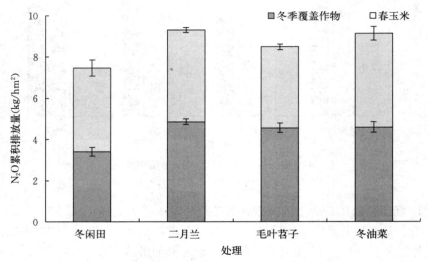

图 4-12　冬季覆盖作物—春玉米系统 N_2O 累积排放量

总体来看，在冬季覆盖作物生长期，毛叶苕子、二月兰和冬油菜 3 种冬季覆盖作物均有利于提高华北地区典型潮褐土土壤养分含量、微生物量和酶活力，以冬油菜的效果为最好，二月兰和毛叶苕子效果次之。在春玉米生长季，在保持玉米产量的同时，冬季覆盖作物替代冬闲田是提高土壤肥力、减少华北平原氮素盈余量的有效途径，覆盖作物翻压和肥料的结合降低了硝态氮淋溶量，但对 NH_3 挥发没有显著影响。

四、粮田冬季覆盖措施对扬尘的影响研究

在中国农业科学院农业资源与农业区划研究所昌平试验站布置冬季覆盖作物对扬尘影响的监测试验，设置了裸露未翻耕、小麦覆盖、玉米立杆覆盖和秸秆还田翻耕 4 种模式，采用圆柱状聚氯乙烯（PVC）桶进行各模式小区的扬尘收集，监测高度为 20 cm。

结果表明，当年冬季（12 月）和春季（第二年 4 月），所有处理均未监测到显著的扬尘沉降量（图 4-13）。整个冬季，各种覆盖方式下 20 cm 处扬尘沉降量非常微小；裸露翻耕方式，造成沉降量变异较大；立杆覆盖方式，玉米秸秆中叶片会被风吹扫飘落，造成周围环境杂乱。总体来讲，裸露不翻耕与小麦

覆盖是冬季减少扬尘的有效方式。

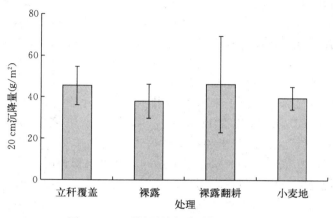

图 4-13 不同覆盖方式对扬尘的影响

五、小结

本节研究表明，免耕与小麦覆盖是冬季减少扬尘的有效方式。推广覆盖作物过程中，农户最关心种植冬季覆盖作物能否增加经济收入和是否增加下茬作物产量。另外，由于农村劳动力缺乏，因此，提供补贴和政府统一种植覆盖作物是推广覆盖作物的首要考虑措施。在冬季覆盖作物—春玉米轮作系统中，土壤有机碳、总氮和土壤微生物活性及玉米产量都比冬闲田—春玉米系统高。在保持玉米产量的同时，冬季覆盖作物替代冬闲田是提高土壤肥力、减少华北平原土壤氮素盈余量的有效途径。在玉米生长季节，覆盖作物翻压和肥料的结合增加了氮素淋溶，但对 NH_3 挥发没有显著影响。从环境角度、生态角度、营养学角度评价了覆盖作物在减少面源污染方面的防控效果，覆盖作物的农学效应更为显著，从长远来看，覆盖作物翻压替代部分化肥氮施用量，可能更大程度地降低氮损失带来的环境风险。

第三节　粮田专用控释肥与高效精准一次性施用技术

近年来，农村劳动力匮乏，生产管理粗放，探索新型适用轻简化、高效一次性施肥技术成为当前生产迫切需求。缓控释肥可以控制氮素释放，提高氮肥利用率，进一步降低氮素流失风险（Clark et al.，2013）。玉米季缓释肥的施用已经是一种趋势，既轻简化又减少污染。研究表明，一次性施用控释肥后，其养分能缓慢地释放而被作物吸收，在能满足作物整个生育期的养分需求的同时，还能降低人工成本、减少环境污染（Yang et al.，2012；Geng et al.，2015），因而开展一次性控释肥技术研究，可为我国粮食生产的施肥转型提供新思路，对保障国家粮食安全及农业的可持续发展具有重大意义。研究表明，与农民传统施肥方式相比，一次性基施控释肥可显著提高 16.6% 的玉米产量（赵贵哲等，2007），这与一次性基施控释肥促进夏玉米叶面积增大和根系增多，改善玉米的产量性状，提高千粒重和产量有关（许海涛等，2012）。合理施用缓控释肥可显著降低夏玉米季 N_2O 排放量（胡小康等，2011），降低氮素的淋溶损失量（Li et al.，2011），降低氮素的径流流失量（付伟章等，2013）。那么，北京地区夏玉米和春玉米这种种植方式下，如何合理组配和运筹控释肥才可以在稳定作物产量条件下达到氮素淋溶阻控的目的。本研究调研京郊玉米常规施肥习惯，包括施用量、施用方法和养分配比，根据京郊粮田玉米氮素需求，研发确定适合京郊及周边京津冀同类地区的玉米一次性施肥产品配方，研发释放特征与玉米氮素需求吻合的控释肥，并对比常规施肥研究玉米一次性施肥产品对玉米的肥料效益和环境效应，研究将为北京粮田面源污染防控提供技术和产品支撑。

一、玉米控释专用肥配方确定

针对北京地区夏玉米和春玉米生长期长短和积温差异，确定专用肥中控释肥释放期以 60 d（夏玉米）和 70 d（春玉米）为宜，专用肥中控释氮肥的比例为 30%，3 种玉米控释专用肥的适宜养分配比（$N - P_2O_5 - K_2O$）分别为 26 - 10 - 12、26 - 12 - 14 和 24 - 10 - 10。

二、控释肥研制

分别采用聚烯烃包膜技术和原位反应成膜技术研制了满足玉米生长期氮素需求特征的两种包膜尿素（60 d 和 70 d 释放期）中试包膜配方和稳定生产工艺，其中 70 d 聚烯烃包膜尿素包膜率为 5%，初期释放率 2.1%；60 d 原位反应成膜包膜尿素包膜率平均为 2.52%，初期释放率 2.1%。

（一）聚烯烃包膜控释肥研制

采用生产设备对玉米控释专用肥中特定释放期的控释肥配方和标准化生产工艺进行了研究，图 4 - 14 是春玉米控释专用肥中 70 d 包膜尿素的氮素释放曲线。该肥料的包膜配方为聚丙烯、聚乙烯和填料滑石粉，包膜率约为 5%。从图中可以看出，两个批次（每批投料 500 kg）包膜尿素的释放曲线基本吻合，说明该包膜配方稳定性和重复性较高。上述肥料的主要生产工艺参数为：包膜液浓度 3%，溶解温度 110~120 ℃，热风温度 110~120 ℃，喷雾速率 3~5 L/min，热风风速 10~15 m/s。

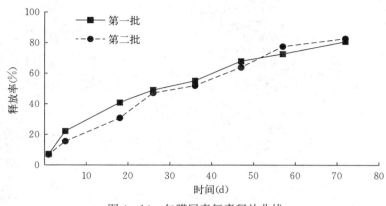

图 4 - 14　包膜尿素氮素释放曲线

（二）反应成膜包膜控释肥研发

开展了针对反应成膜控释肥的间歇式和连续化两种工艺研究，两种工艺均采用转鼓包膜工艺。

间歇式包膜工艺单次投料量最高可达 500 kg，采用 3 次均匀喷涂成膜，设备生产能力为 0.8 t/h，60 d 释放期包膜尿素包膜率 3％左右，90 d 释放期包膜尿素包膜率 3.5％左右。目前设备已调试成功并获得了稳定的生产工艺技术包。图 4 - 15、图 4 - 16 和图 4 - 17 是本装置制造的包膜尿素氮素释放曲线及肥料包膜过程，预设肥料包膜率 2.91％，实测包膜率为 2.52％～2.67％，初期溶出率 0.6％～2.2％，释放期 60 d，均符合缓释肥料国家标准（GB 23348—2009），说明设备和工艺稳定可靠。

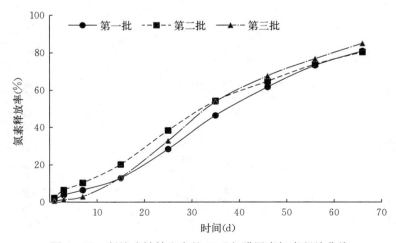

图 4 - 15　断续式转鼓生产的 60 d 包膜尿素氮素释放曲线

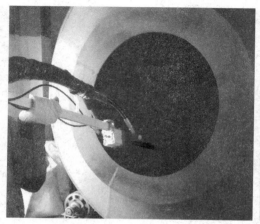

图 4-16 断续式工艺包膜液喷涂　　　　图 4-17 断续式工艺控释肥出料

　　自动连续化包膜控释肥工艺和技术集成是通过自动控制系统和连续化生产线的配合实现控释肥连续化、规模化和标准化生产（图 4-18）。测试用中试生产线年产能约 2 万 t（2 t/h），自动连续化生产线的包膜工艺参数大多与断续式设备相同，每个喷涂点的喷雾速率为 0.5 kg/m。经多次测试并在改进喷涂系统和出料装置后，解决了包膜液喷涂速率和肥料进料量不匹配而导致的肥料过湿、粘连及花料等包膜缺陷，自动控制系统和连续化生产线技术集成成功，试制出合格的控释肥产品，产品的包膜率 4.38%，初期释放率为 5.17%，释放期约 70 d（图 4-19），符合缓释肥料国家标准（GB 23348—2009）。

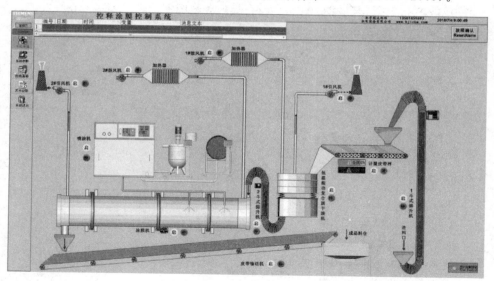

图 4-18 连续化包膜自动控制系统

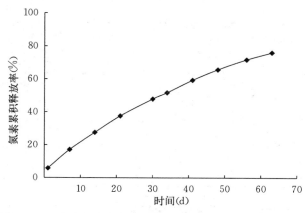

图 4-19　自动连续化中试装置生产的控释肥氮素释放特征

三、控释专用肥综合效应评价

（一）试验方案

2017 年在房山区石楼镇布置了青贮夏玉米控释专用肥试验，夏玉米品种为富友 9，6 月 28 日播种，10 月 5 日收获。供试土壤为壤土，0～20 cm 土层理化性状为铵态氮 2.18 mg/kg，硝态氮 18.4 mg/kg，有效磷 53.6 mg/kg，速效钾 14.0 mg/kg，有机质 1.18％，pH 8.5，全氮 0.99 g/kg。田间试验共设 8 个处理，分别为处理 1：不施氮；处理 2：常规施肥；处理 3：减氮 10％；处理 4：减氮 20％；处理 5：减氮 10％，控释肥占总施肥量 50％；处理 6：减氮 10％，控释肥占总施肥量 30％；处理 7：减氮 20％，控释肥占总施肥量 50％；处理 8：减氮 20％，控释肥占总施肥量 30％。每个处理 3 次重复，共 24 个小区，每个小区 40 m²，各处理磷肥和钾肥用量相同，磷肥为普通过磷酸钙，钾肥为氯化钾，试验所用包膜控释肥为聚烯烃包膜控释肥，由北京富特来复合肥料有限公司生产，25 ℃水浸泡条件下氮素累积释放 80％所需时间为 60 d，各处理施肥量见表 4-7。

表 4-7　不同试验处理施肥量

处理		N		P₂O₅	K₂O
		普通尿素	控释尿素		
1	CK	0	0	75	75
2	常规施肥（CON）	240	0	75	75
3	减氮 10％（90N）	216	0	75	75

施肥量（kg/hm²）

（续）

处理	施肥量（kg/hm²）			
	N		P₂O₅	K₂O
	普通尿素	控释尿素		
4　减氮20%（80N）	192	0	75	75
5　减氮10%控50%（90N−50C）	108	108	75	75
6　减氮10%控30%（90N−30C）	151	65	75	75
7　减氮20%控50%（80N−50C）	96	96	75	75
8　减氮20%控30%（80N−30C）	134	58	75	75

采集播前和收获期0～200 cm土壤样品，每20 cm一层，基础土样测定有机质、全氮、pH等主要理化指标，在夏玉米主要生育期（苗期、大喇叭口期、抽雄期和成熟期）取耕层（0～20 cm）土壤，测定硝态氮和铵态氮含量。

控释肥料在土壤中的释放采用田间埋设肥料网袋的方法进行。准确称量供试包膜肥5.00 g，装入长20 cm、宽5 cm的尼龙网袋内，埋前在网袋内装入100 g表层土与肥料混匀，然后埋入深15 cm土中，共埋18袋，按预先设定时间取样，每次取3袋，测定养分释放。

夏玉米收获后，每个小区取5株玉米，称鲜重后烘干测定干重，粉碎混匀后取少量，半微量凯氏定氮法测定样品的全氮含量，计算氮肥利用率。

（二）试验结果与分析

1. 包膜尿素田间释放曲线

图4−20是包膜尿素在夏玉米生长期间的氮素释放曲线，从图中可以看出，包膜尿素第一天释放率为5.28%，玉米生长期内氮素释放过程近于抛物

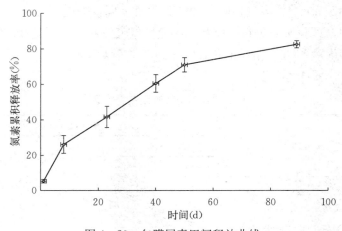

图4−20　包膜尿素田间释放曲线

线，即在前期释放速率较快，40 d 内累积释放率接近 60%，随后释放率逐渐降低。田间条件下累积释放 80% 所需时间为 81 d，与夏玉米 99 d 生长期的误差为 18 d，说明控释专用肥的氮素供应与夏玉米的氮素吸收吻合较好。

2. 作物产量与氮肥利用率

与不施氮对照相比，施氮显著提高了夏玉米产量（表 4 - 8），增产 14.5%～43.2%。减氮 10% 的 2 个控释肥处理夏玉米产量显著高于其他 5 个施氮处理。控释肥处理较常规施氮增产 2.85%～20.9%，但仅在减氮 10% 时差异显著，即与常规施氮量相比，减氮 10% 和 20% 时不会造成夏玉米产量降低。

表 4 - 8　不同试验处理玉米生长情况

处理	产量（t/hm²）	干重（kg/hm²）	吸氮量（kg/hm²）	氮肥利用率（%）
80N - 30C	91.0b	31.8b	343a	46.7
80N - 50C	90.2b	31.6b	341a	45.6
90N - 30C	106.0a	37.1a	341a	40.5
90N - 50C	98.3a	34.4a	352a	45.7
80N	84.7b	29.6b	313b	31.3
90N	87.2b	30.5b	307b	25.1
CON	87.7b	30.6b	305b	21.4
CK	74.0c	25.9c	253c	

与不施氮对照相比，施氮显著提高了夏玉米吸氮量（表 4 - 8），增加 20.6%～39.1%。减氮 10% 和 20% 的 4 个控释肥处理夏玉米吸氮量显著高于其他 3 个施氮处理。控释肥处理吸氮量较常规增加 11.8%～15.4%，均差异显著。与常规施氮量相比，减氮 10% 和 20% 的常规施肥处理也不会造成夏玉米吸氮量降低。

控释肥处理氮肥利用率较常规增加 89.3%～118%。减氮 10% 和 20% 的 4 个控释肥处理夏玉米氮肥利用率分布在 40.5%～46.7%，高于其他 3 个施氮处理。与常规施氮量相比，减氮 10% 和 20% 的常规施肥处理反而增加了夏玉米氮肥利用率。

3. 经济效益

与常规施氮相比，采取减氮和施用控释专用肥均能提高氮肥利用率，控释专用肥的氮肥利用率提高，其中减氮 20% 的控释专用肥提高氮肥利用率的效果更为明显。2017 年青贮夏玉米市场价格 0.24 元/kg，尿素 2 000 元/t，控释尿素 3 500 元/t，追肥人工 200 元/hm²，按上述价格计算后，施用速效性氮肥的情况下减氮 10%，产量和净收益均不受影响（表 4 - 9），但若继续降低氮肥用量至常规施氮量的 80%，则产量小幅下降，净收益减少 633 元/hm²，氮素明显供应不足。

表 4-9　不同试验处理投入与收益

处理	产量 （t/hm²）	产值 （万元/hm²）	氮肥成本 （元/hm²）	追肥投入 （元/hm²）	净收入 （万元/hm²）
80N-30C	91.0b	2.18	414	—	2.14
80N-50C	90.2b	2.16	460	—	2.12
90N-30C	106.0a	2.54	466	—	2.49
90N-50C	98.3a	2.36	518	—	2.30
80N	84.7b	2.03	345	200	1.98
90N	87.2b	2.09	388	200	2.03
CON	87.7b	2.11	432	200	2.04
CK	74.0c	1.78	—	—	1.78

另外，与常规施氮相比，在氮肥用量降低 10%～20% 的情况下，控释专用肥均能增加玉米产量，每公顷净收益增加 779～4 565 元，其中减氮 10% 的净收益远高于减氮 20% 的净收益；而控释专用肥中 30% 的包衣尿素掺混比例增收效果又高于 50% 的掺混比例。虽然控释肥价格高于速效性化肥，但经过合理的速效、控释掺混和降低不合理的施肥用量，能较好地控制肥料成本的增加（如 90N-30C 处理每公顷氮肥投入仅比常规施肥增加 85 元）。在产量增加及无追肥所需的劳动力投入等综合因素的作用下，施用控释肥能促进农民增收。

4. 表层土壤无机氮动态变化

从表层土壤（0～20 cm）无机氮动态变化来看，夏玉米生育期间各处理表层土壤铵态氮含量均低于 10 mg/kg，3 个速效氮处理因在大喇叭口期追肥导致铵态氮含量升高，而 4 个控释专用肥在抽雄期出现明显更高的铵态氮含量可能与包衣尿素的持续释放有关（图 4-21）。夏玉米生长期间，3 个速效氮处理则在大喇叭口期追肥导致硝态氮含量较高，而 4 个控释专用肥处理从苗期至抽雄期的硝态氮含量均较高。土壤无机氮动态变化特征应归因于尿素态氮水解后以铵态氮形态存在的时间较短（一般在 3 d 左右，不超过 7 d），铵态氮在土壤硝化细菌作用下会迅速转化成硝态氮，而控释专用肥处理无机氮含量较高可能与包膜尿素的氮素释放主要集中在夏玉米生长前期有关。

5. 土壤剖面硝态氮残留和淋洗损失

从夏玉米收获后土壤剖面硝态氮分布来看（图 4-22），各处理不同土层

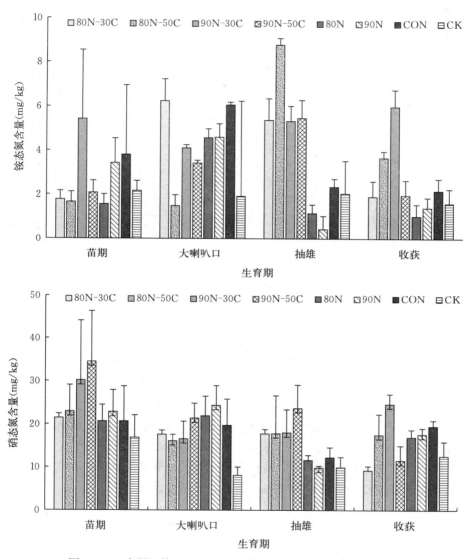

图 4 - 21　表层土壤（0～20 cm）铵态氮和硝态氮含量动态变化

硝态氮含量基本都超过了 10 mg/kg，最高达 47 mg/kg；不施氮处理在下层土壤中也出现明显的硝态氮积累，可能是因为作物长势无法吸收土壤有机氮矿化出来的硝态氮从而导致部分淋溶发生。相对速效性氮肥来说，施用控释专用肥则有利于抑制硝态氮的下行和淋洗。若将 100～200 cm 的硝酸盐视为淋洗损失，施用控释专用肥的淋洗损失较常规施氮处理减少 193～315 kg/hm²，降幅35.1%～56.6%。

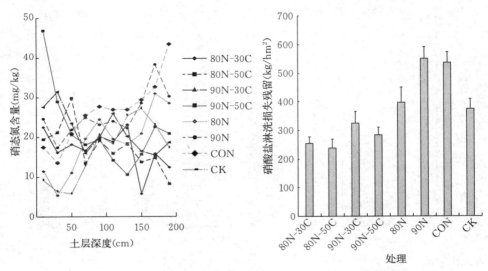

图 4-22　0～100 cm 土层硝态氮含量及 100～200 cm 土层硝态氮累积残留量

（三）小结

根据北京地区夏玉米和春玉米生长期长短和积温差异，认为北京地区玉米专用控释肥释放期以 60 d（夏玉米）和 70 d（春玉米）为宜，适宜养分配比分别为 26-10-12、26-12-14 和 24-10-10。田间试验证明，控释专用肥的氮素供应与夏玉米的氮素吸收吻合较好，氮肥利用率较常规增加 89.3%～118%，玉米产量增加。在保证作物产量条件下，控释专用肥能抑制硝态氮的下行和淋洗，减少 100～200 cm 土层 35.1%～56.6% 的硝态氮含量。尽管控释肥价格高于速效性化肥，但经过合理的速效、控释掺混和降低不合理的施肥用量，能较好地专用肥成本的增加，促进农民增收。

第四节　雨养玉米肥水错位管理技术

农田土壤中的盈余氮素很容易通过 NH_3 挥发、N_2O 排放、径流、淋溶等途径损失，引发地下水硝酸盐污染、水体富营养化和温室效应等一系列环境问题（Mishima et al.，2007；Galloway et al.，2003）。氮素流失主要发生在降雨或灌溉集中的季节，施肥时间与产流时间越近，淋溶硝态氮浓度越高，是导致氮流失发生的重要时期，因此避开雨期施肥可显著降低氮素流失量（张亦涛等，2016）。降水和施肥在时间和空间上的错位优化管理，如在作物生长初期一次性施用缓释肥，避开作物生长期降水和施肥的时间耦合，有机肥替代化肥、肥料条施在作物垄上等降低肥料在水体中的溶解，可能会降低肥料随水的流失造成的面源污染。研究表明，玉米上采用氮肥条施、施用缓控释肥可以提高肥料利用率，在同等养分投入的情况下，能保证玉米产量（邹忠君等，2011；王贺，2012；石岳峰等，2009）。Li 等（2011）的研究表明，与普通尿素分次施用相比，一次性基施控释氮肥可使 $0\sim1.3$ m 土层的氮素淋溶显著降低 53%。一次性基施控释肥显著降低了 73.4% 的夏玉米季 N_2O 排放量，N_2O 排放系数也显著低于分次施用尿素处理（胡小康等，2011）。施用缓控释肥后，肥料养分的释放速率与植物需求情况基本一致，能降低气体挥发和淋溶损失，提高作物对于肥料的吸收利用，并增加土壤有效氮的剩余，为下季作物继续提供养分（赵斌等，2009）。

随着中国牲畜数量的迅速增加，特别是猪和家禽，2010 年牲畜粪便产生量约为 2 800 Mt（新鲜）（Chadwich et al.，2015）。然而，粪便还田率低（Pan et al.，2016；Zhang et al.，2019），这导致畜禽粪便的大量闲置及直排率升高，对环境的直接威胁增加（Bai et al.，2018）。例如，在中国超过 20% 的粪便被直接排入沟渠和河道（Chadwich et al.，2015）。但牲畜肥料是植物所需氮素（N）、磷素（P_2O_5）和钾素（K_2O）养分的重要来源（Chadwich et al.，2015）。因此，在我国可持续集约化农业中，有机粪肥的养分管理受到广泛关注。研究表明，用粪肥替代肥料有利于改善土壤性质，进而提高作物产量（Büchi et al.，2016；Pan et al.，2009；Zhou et al.，2016）。施用粪肥是减少农田氮素流失的一个重要途径（Galloway et al.，2008）。一般来说，用粪肥替代化肥可调节作物氮吸收和土壤氮转化，进而改变活性氮损失（Banerjee et al，2002；Xue et al.，2014）。

综上，针对首都粮田春玉米水肥的同期管理导致肥料利用水平降低，引起农田面源污染，研究希望通过结合作物生长初期一次性缓控施肥和有机肥替代化肥等方式，实现降雨和施肥时期错位；通过高垄宽窄行实现作物垄上条施化肥于作物一侧，利用作物的遮挡，降低雨水对肥料的淋洗，筛选出适合北京地区的春玉米肥水错位优化管理技术，为北京粮田面源污染防控提供技术支撑。

一、种植方式和肥料类型对玉米生长季的影响

本试验在北京昌平区开展。试验设置 4 个处理，处理 1（不施肥＋均行）：不施氮、均行种植；处理 2（尿素＋均行）：施尿素、基施、撒施、雨前表施、均行种植；处理 3（尿素＋高垄宽窄行）：施尿素、基施、窄行条施、中耕施肥、宽窄行高垄种植；处理 4（缓控肥＋高垄宽窄行）：一次性缓控释氮肥、基施、窄行条施、宽窄行高垄种植，每个处理 3 次重复。

过磷酸钙和氯化钾在耕地前撒施于小区内。（尿素＋均行）处理的尿素作为基肥撒施，在耕地前施入小区内。（高垄宽窄行＋尿素）和（高垄宽窄行＋缓控肥）处理的尿素和一次性缓控释肥料为条施，按要求起好垄后于垄中央条施，肥料埋深为 $7\sim8$ cm。施肥量：N 10 kg/亩、P_2O_5 4 kg/亩、K_2O 5 kg/亩。一次性缓控释肥 $N：P_2O_5：K_2O＝26：10：12$。氮肥种类配比：磷酸二铵占 2.2%，缓控释肥占 8.6%，普通尿素占 15.2%。其他肥料类型：磷肥为过磷酸钙（P_2O_5 含量为 16%），钾肥为氯化钾（K_2O 含量为 60%）。

小区面积为 5 m×6 m＝30 m^2。玉米种植方式，等行距：60 cm×25 cm；宽窄行高垄：行距为 $40\sim80$ cm，株距为 25 cm，垄高 15 cm。

（一）玉米生长情况

从图 4-23 可以看出，在施尿素条件下，高垄宽窄行种植比均行种植减少了 1.76% 的产量，差异不显著；在高垄宽窄行种植模式下，缓控肥比尿素增加了 4.06% 的产量，差异不显著。与常规施肥和种植方式相比，高垄宽窄行＋缓控肥技术增加幅度最大，但差异不显著，即种植方式和施肥类型的改变可稳定玉米产量。根据作物吸氮量，计算得尿素＋均行种植技术下氮肥利用率为 33.3%，高垄宽窄行＋尿素处理氮肥利用率为 45.4%，高垄宽窄行＋缓控释肥的氮肥利用率为 47.9%。可见条施技术（高垄宽窄行）、一次性缓控释肥（缓控肥技术）均能提高氮肥利用率。

（二）土壤氮的储存及其淋失风险

与尿素＋均行种植技术相比，尿素＋高垄宽窄行和缓控肥＋高垄宽窄行技术下土壤硝态氮残留均显著增加，且缓控肥＋高垄宽窄行技术增加幅度最大，主要集中在 $0\sim20$ cm 层。如 2017 年，与尿素＋均行种植技相比，尿素＋高垄

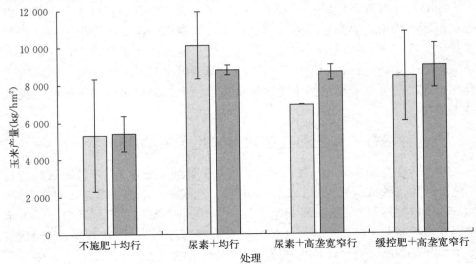

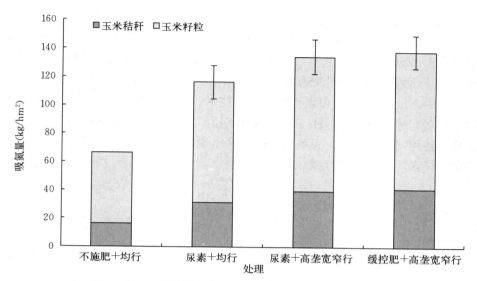

图 4 - 23　不同种植方式和施肥类型下玉米产量和吸氮量

宽窄行和缓控肥＋高垄宽窄行技术下土壤硝态氮残留均显著增加了 57.0％～83.4％，且缓控肥＋高垄宽窄行技术增加幅度最大，主要集中在 0～20 cm 层（图 4 - 24b）。在 60～80 cm 土层，与均行种植相比，高垄宽窄行种植下土壤硝态氮含量高。

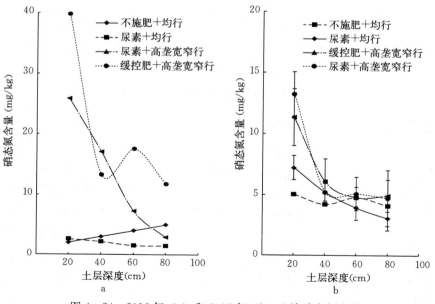

图 4 - 24　2016 年（a）和 2017 年（b）土壤硝态氮含量

（三）玉米季 NH₃ 挥发量

在施尿素情况下，高垄宽窄行种植比均行种植降低了 31.4％的 NH₃ 挥发量（图 4-25）；在高垄宽窄行种植方式下，施缓控肥比施尿素降低了 31.9％的 NH₃ 挥发量。与常规施肥和种植方式相比，缓控肥＋高垄宽窄行技术降低了 53.3％的 NH₃ 挥发量。尿素＋均行种植技术、尿素＋高垄宽窄行技术和缓控肥＋高垄宽窄行技术的 NH₃ 挥发系数分别为 18.8％、11.5％和 6.52％，可见其他条件相同的背景下，高垄宽窄行技术比均行种植的 NH₃ 挥发系数低，缓控肥比尿素的 NH₃ 挥发系数低。

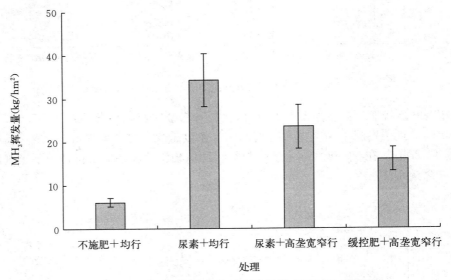

图 4-25　玉米季不同种植方式和施肥类型下 NH₃ 挥发量

（四）玉米季温室气体排放

与常规（尿素＋均行）相比，尿素＋高垄宽窄行、缓控肥＋高垄宽窄行均有降低玉米季 CO_2 和 N_2O 排放量的趋势，但不显著（图 4-26）。在施尿素情况下，高垄宽窄行种植比均行种植降低了 31.3％的 N_2O 排放量；在高垄宽窄行种植方式下，施控释肥比施尿素增加了 33.1％的 N_2O 排放量。与常规相比，尿素＋高垄宽窄行和缓控肥＋高垄宽窄行技术均降低了 N_2O 排放量。在施尿素情况下，高垄宽窄行种植比均行种植增加了 2.18％的 CO_2 排放量；在高垄宽窄行种植方式下，施控释肥比施尿素处理降低了 4.37％的 CO_2 排放量。种植方式和施肥方式改变对 CO_2 排放量无显著影响。

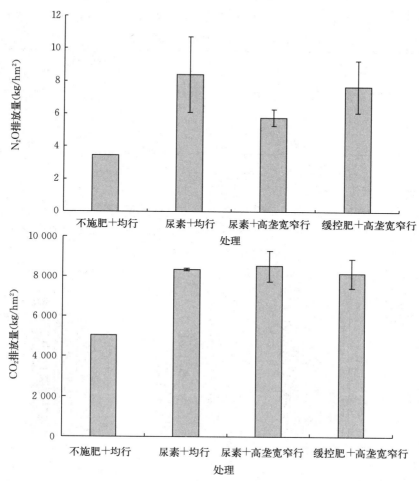

图 4-26　玉米生长季不同种植方式和施肥品种下温室气体排放量

二、有机替代对雨养玉米生长季的影响

本试验在北京昌平区实施。试验设 4 个处理，每个处理 3～4 次重复。渗滤池长 2 m、宽 1 m、深 1.2 m。各处理施肥情况见表 4-10，其中基肥：播种前将 37.5% 的化学氮肥与全部的有机肥、磷、钾肥作为基肥撒施于土壤表面后，立即覆土 5 cm、翻耕、播种、浇水（每池 50 L，用喷壶喷施）。追肥：在小喇叭口期（7 月 5 日前后）追施 67.5% 的化学氮肥。追肥方法：撒施后喷水使尿素溶解下渗至土壤耕层。

每小区种植 2 行玉米，每行 6 穴，每穴 2 株，出苗后 15 d 间苗，每穴保留 1 株。栽培密度相当于每亩 4 000 多株。每行玉米距池壁 30 cm。各小区内 2 行玉米间行距为 40 cm，相邻 2 个小区的两行玉米距离为 75 cm。

表 4 - 10 各处理每亩施肥量

序号	处理内容	有机肥 N 用量（kg）	化肥用量（kg）		
			N	P_2O_5	K_2O
1	CK	0	0	0	0
2	NPK	0	16	8	12
3	NPKC	8	8	4	补至 12
4	NPKP	8	8	4	补至 12

注：C 为鸡粪；P 为猪粪。

（一）玉米生长情况

猪粪和鸡粪的半量替代处理玉米产量均有提高的趋势，但不显著。从图 4 - 27可知，2015—2017 年 CK、NPK、NPKC 和 NPKP 处理的平均玉米产量

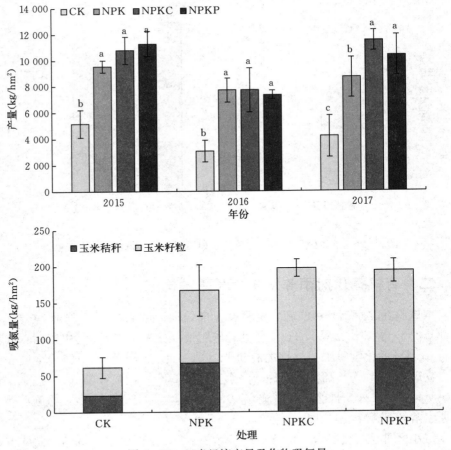

图 4 - 27 玉米经济产量及作物吸氮量

分别为（4.13±0.61）t/hm²、（8.63±0.53）t/hm²、（9.93±1.16）t/hm²和（9.65±1.19）t/hm²。NPKC 和 NPKP 处理玉米产量均高于 NPK 处理，特别是 2017 年。然而，NPKC 和 NPKP 处理间玉米产量无显著差异。根据作物吸氮量，计算得不同处理的氮肥利用率。与 NPK 处理（43.9%）相比，鸡粪和猪粪的半量替代处理氮肥利用率分别增加了 28.7% 和 25.0%。

（二）土壤有机碳和氮含量

与 NPK 处理相比，NPKC 和 NPKP 处理分别提高了 9.56% 和 19.6% 的土壤有机碳含量（$P<0.05$）（图 4-28）。与 NPKC 处理相比，NPKP 处理土壤有机碳含量显著提高了 9.19%。与 NPK 相比，NPKC 和 NPKP 处理土壤总氮含量比 NPK 处理高 9.79%～14.7%，但仅 NPKC 与 NPK 处理间差异显著。另外，NPKC 和 NPKP 处理土壤总氮含量无显著差异。鸡粪和猪粪的半量替代均降低了土壤硝态氮含量（图 4-28）。

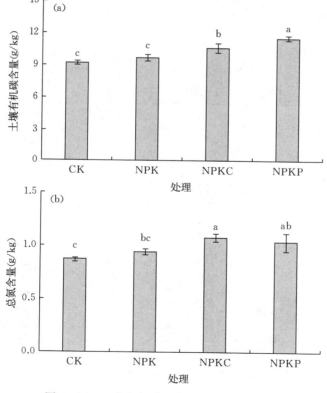

图 4-28　玉米生长季土壤有机碳和总氮含量
注：不同字母表示处理间差异显著（$P<0.05$）。

(三) 土壤氮的储存及其淋失风险

鸡粪和猪粪的半量替代均降低了土壤硝态氮含量 (图 4 - 29)。玉米生长季在 6～10 月，这期间的降雨量约占全年降雨量的 82.3%，是淋溶事件发生的主要时间。CK、NPK、NPKC 和 NPKP 处理硝态氮淋溶量分别为 (12.1±11.7) kg/hm²、(54.9±4.69) kg/hm²、(29.6±2.52) kg/hm² 和 (29.5±6.53) kg/hm²。硝态氮淋溶量占总氮淋溶量的 40.9%～87.2% (平均值为60.8%)。在玉米生长季，NPKC 和 NPKP 处理的总氮和硝态氮淋溶量均低于其他两个处理 ($P<0.05$)，但两个有机肥替代处理 NPKC 和 NPKP 之间氮淋溶量无显著差异。

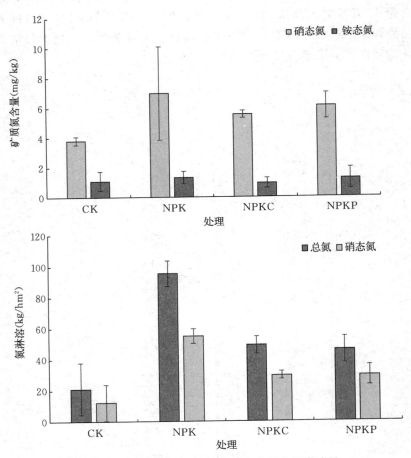

图 4 - 29　玉米生长季土壤矿质氮含量和氮淋溶量

(四) 玉米季 NH₃ 挥发量

追肥期 NH_3 挥发量高于基肥期 (图 4 - 30)，其中在基肥期间，CK、

NPK、NPKC 和 NPKP 处理的 NH_3 挥发量分别为 0. 38 kg/hm²、3. 78 kg/hm²、1. 01 kg/hm² 和 2. 58 kg/hm²。与 NPK 相比，鸡粪和猪粪的半量替代处理 NPKC 和 NPKP 的 NH_3 挥发量分别降低了 5. 61％和 22. 2％。NPK、NPKC 和 NPKP 处理的 NH_3 挥发系数分别为 4. 45％、4. 14％和 3. 22％。与鸡粪半量替代相比，猪粪半量替代降低了 17. 6％的 NH_3 挥发量。

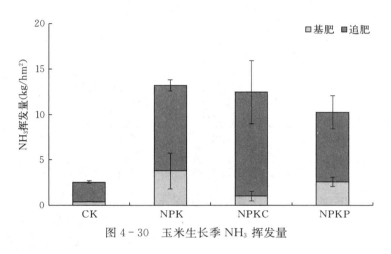

图 4 - 30　玉米生长季 NH_3 挥发量

（五）玉米季温室气体排放

不施肥处理 CK 的 CO_2 累积排放量为（10 663±626）kg/hm²，施肥处理 NPK、NPKC 和 NPKP 的 CO_2 累积排放量均显著高于 CK 处理（$P<0.05$）（图 4 - 31）。与 NPK 处理相比，NPCK 和 NPKP 处理 CO_2 排放量均有增加的趋势，其中 NPKP 处理增加了 26. 0％的 CO_2 排放（$P<0.05$），而 NPKC 处理对 CO_2 排放无显著影响。与 NPKP 处理相比，NPKC 处理显著降低了 CO_2 排放量，达 16. 9％。

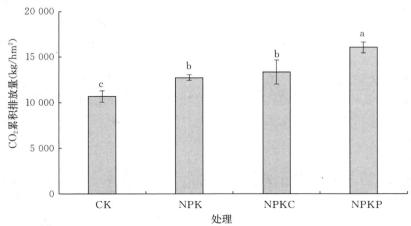

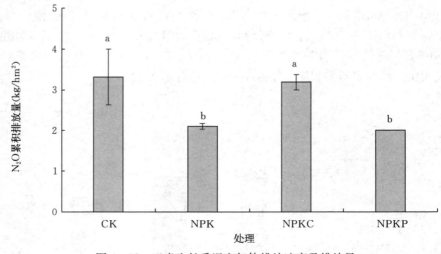

图 4-31　玉米生长季温室气体排放速率及排放量

　　CK 和 NPK 处理的 N_2O 累积排放量分别为（2.10 ± 0.07）kg/hm^2 和（3.32 ± 0.48）kg/hm^2（图 4-31）。与 NPK 常规施肥处理相比，NPKC 处理增加了 51.9% 的 N_2O 排放量，而 NPKP 处理对 N_2O 排放量无显著影响。与 NPKP 处理相比，NPKC 处理显著增加了 59.3% 的 N_2O 排放量。

三、小结

　　作物生长初期一次性缓控施肥可实现降水和施肥时期的错位，且缓释施肥可缓慢释放养分满足作物生长需求；高垄宽窄行实现作物垄上条施化肥于作物一侧，同时利用作物的遮挡，降低肥料在降水中的迁移。研究结果表明，与常规施肥、均行种植技术相比，高垄宽窄行、一次性缓控释氮肥可稳定玉米产量，提高氮肥利用率，降低 NH_3 挥发系数和 N_2O 排放量；与尿素＋均行种植相比，尿素＋高垄宽窄行和缓控肥＋高垄宽窄行技术均降低了 N_2O 排放量，但对 CO_2 排放量无显著影响。可见，一次性缓控释氮肥、底施窄行条施可在维持华北平原玉米产量稳定条件下，降低氮素的气体损失量和温室气体排放量。另外猪粪和鸡粪半量替代化肥处理可减少 NH_3 排放量和氮淋溶量。因此，在时间和空间上优化管理施肥方式、施肥类型，可以减少氮素的损失，降低农业面源污染。

第五节　粮田面源污染综合防治技术与实施案例

　　为有效推广粮田面源污染综合防治技术的应用，项目通过与企业合作，开展玉米控释专用肥示范、宣传和推广，促进技术成果转化为生产力，开展粮田面源污染防控技术的示范，通过农业面源污染防控切实带动"减肥减药"两减目标的实现，充分发挥粮田生态功能，防治首都粮田面源污染。过程中分别在京郊延庆、顺义、房山等地开展了玉米控释专用肥一次性种肥同播示范，累计示范面积 357.3 hm²，北京地区累计推广玉米专用肥约 2 000 t，应用面积约 2 666.7 hm²，辐射京津冀地区 4 000 t，辐射面积约 5 333.3 hm²。

一、2016 年延庆示范

示范田控释专用肥养分配比（N - P₂O₅ - K₂O）为 26 - 12 - 4，其中控释氮肥占 30%（以纯 N 计），控释肥释放期为 70 d，习惯施肥基肥养分配比（N - P₂O₅ - K₂O）为 12 - 12 - 14，大喇叭口期每亩追施尿素 19.6 kg。示范用春玉米品种为郑单 958（表 4 - 11）。示范田土壤为轻壤土，前茬作物为春玉米，pH 为 8.7，有机质为 9.1 g/kg，全氮为 0.07%，有效磷为 14.5 mg/kg，速效钾为 231 mg/kg。于 2016 年 4 月 25～27 日机带肥播种，9 月 29～30 日收获。示范田与习惯施肥磷、钾肥用量相等，氮肥减量 13.3%，配成掺混肥料，种肥一次同播。不同处理肥料配方、施肥量和施肥方法详见表 4 - 11。

表 4 - 11　2016 年延庆示范试验不同处理施肥量

处理	面积 （hm²）	施肥方式	施氮量 （kg/hm²）	亩用量 （kg）
控释专用肥	33.3	种肥一次同播	195	50
习惯施肥	33.3	基施，大喇叭口期追肥	225	50

在减氮 13.3% 的条件下，示范田的春玉米产量较习惯施肥增加 1 173 kg/hm²，增 9.7%；施用控释专用肥显著增加了玉米氮肥偏生产力，示范田比习惯施肥氮肥偏生产力增加 14.3 kg/kg（表 4 - 12）。

表 4 - 12　2016 年延庆示范试验不同处理玉米生长情况

处理	穗数 （穗/hm²）	穗粒数 （粒/穗）	百粒重 （g）	平均产量 （kg/hm²）	氮肥偏生产力 （kg/kg）
控释专用肥	67 712	522	37.7	13 325	68.3
习惯施肥	57 780	543	38.7	12 142	54.0

示范田单位面积氮肥成本较习惯施肥有一定增加，但采用一次性施用的控释专用肥因无追肥投入反而降低了肥料投入成本。在产量产值增加和投入降低的情况下，示范田的春玉米种植净收入比习惯施肥增加 2 117.8 元/hm²，增收比例高达 11.7%（表 4 - 13）。

表 4-13 2016 年延庆示范试验不同处理投入与收益

处理	产量 （kg/hm²）	产值 （元/hm²）	氮肥成本 （元/hm²）	追肥投入 （元/hm²）	净收入 （元/hm²）
控释专用肥	13 325	21 320	1 053	—	20 267
习惯施肥	12 142	19 427	978	300	18 149.2

注：春玉米收购价格 1 600 元/t，尿素 2 000 元/t，包膜尿素 3 300 元/t，追肥人工投入 300 元/hm²。

与习惯施肥相比，示范田土壤硝态氮含量显著降低；在 0~100 cm 土层内，示范田硝态氮残留总量比习惯施肥硝态氮残留总量降低 8.5%（表 4-14）。

表 4-14 0~100 cm 土层硝态氮含量及残留

土层深度（cm）	控释专用肥		习惯施肥	
	硝态氮 （mg/kg）	硝态氮残留 （kg/hm²）	硝态氮 （mg/kg）	硝态氮残留 （kg/hm²）
0~20	7.84	18.0	9.76	22.4
20~40	6.28	15.7	9.73	24.3
40~60	53.08	142.3	63.52	170.2
60~80	63.97	171.4	57.43	153.9
80~100	59.70	160.0	68.59	183.8

二、2017 年延庆示范

示范田所用春玉米控释专用肥养分配比（$N-P_2O_5-K_2O$）为 26-10-12，其中控释氮肥占 30%（以纯 N 计），习惯施肥基肥养分配比（$N-P_2O_5-K_2O$）为 12-10-12，大喇叭口期追施尿素 294 kg/hm²（表 4-15）。示范用春玉米品种为郑单 958。示范田土壤为轻壤土，前茬作物为春玉米，土壤 pH 为 8.6，有机质为 9.2 g/kg，全氮为 0.11%，有效磷为 15.1 mg/kg，速效钾为 220 mg/kg。于 2017 年 4 月 27~28 日机带肥播种，9 月 30 日至 10 月 1 日收获。示范田与习惯施肥磷、钾肥用量相等，氮肥减量 13.3%，配成掺混肥料，种肥一次同播。不同处理肥料配方、施肥量和施肥方法详见表 4-15。

表 4-15 2017 年延庆示范试验不同处理施肥量

处理	面积 （hm²）	施肥方式	施氮量 （kg/hm²）	亩用量 （kg）
控释专用肥	46.7	种肥一次同播	195	50
习惯施肥	40	基施，大喇叭口期每亩追施尿素 19.6 kg	225	50

在减氮 13.3% 的条件下，示范田的春玉米亩穗数与习惯施肥相比增加 9 411 穗/hm²；穗粒数、百粒重比习惯施肥分别减少 23 粒/穗、1.3 g（表

4-16)；示范田亩穗数的增加弥补了因穗粒数和千粒重减少造成的产量损失，从而使得示范田的春玉米产量较习惯施肥增加 796 kg/hm²，增幅为 7.03%。从表 4-16 中可以看出，施用控释专用肥显著增加了玉米氮肥偏生产力，示范田比习惯施肥氮肥偏生产力提高 11.8 kg/kg。

表 4-16　2017 年延庆示范试验不同处理玉米生长情况

处理	穗数 （穗/hm²）	穗粒数 （粒/穗）	百粒重 （g）	平均产量 （kg/hm²）	氮肥偏生产力 （kg/kg）
控释专用肥	66 543	531	36.8	13 003	62.1
习惯施肥	57 132	554	38.1	12 059	50.3

示范田单位面积氮肥成本较习惯施肥有一定增加，但采用一次性施用的控释专用肥因无追肥投入从而降低了肥料增加成本。在产量产值增加和投入降低的情况下，示范田的春玉米种植净收入比习惯施肥增加 1 829.8 元/hm²，增收比例高达 9.52%（表 4-17）。

表 4-17　2017 年延庆示范试验不同处理投入与收益

处理	产量 （kg/hm²）	产值 （元/hm²）	氮肥成本 （元/hm²）	追肥投入 （元/hm²）	净收入 （元/hm²）
控释专用肥	13 003	22 105.1	1 053	—	21 052.1
习惯施肥	12 059	20 500.3	978	300	19 222.3

注：春玉米收购价格 1 700 元/t，尿素 2 000 元/t，包膜尿素 3 300 元/t，追肥人工投入 300 元/hm²。

与习惯施肥相比，示范田 0～80 cm 土层硝态氮含量提高，但 80～100 cm 土层含量则显著降低，说明示范田硝态氮主要残留在土壤上层，向下运移的少（图 4-32）。在 0～100 cm 土层内，示范田硝态氮残留总量（498 kg/hm²）比习惯施肥硝态氮残留总量（523 kg/hm²）降低 25 kg/hm²，降低 4.8%，其中在 60～80 cm 土层硝态氮含量达到峰值。

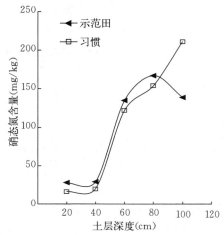

图 4-32　2017 年延庆示范试验 0～100 cm 土层硝态氮含量

三、2017 年房山阎村示范

示范田所用夏玉米控释专用肥

养分配比（N - P$_2$O$_5$ - K$_2$O）为 26 - 10 - 12，其中控释氮肥占 30％（以纯 N 计），释放期为 60 d，习惯施肥基肥养行配比（N - P$_2$O$_5$ - K$_2$O）为 13 - 10 - 12，大喇叭口期追施尿素 300 kg/hm^2（表 4 - 18）。示范用夏玉米品种为郑单 958，2017 年 6 月 20 日—23 日播种。

表 4 - 18 2017 年房山阎村示范试验不同处理施肥量

处理	面积 （hm^2）	施肥方式	施氮量 （kg/hm^2）	亩用量 （kg）
控释专用肥	33.3	种肥一次同播	195	50
习惯施肥	0.667	基施，大喇叭口期每亩追施尿素 20 kg	235	50

在减氮 17％的条件下，示范田的夏玉米产量与习惯施肥相比显著增加，较习惯施肥增加 4 500 kg/hm^2，增产 5.1％。施用控释专用肥显著增加玉米氮肥偏生产力，提高 69.64 kg/kg（表 4 - 19）。

表 4 - 19 2017 年房山阎村示范试验不同处理玉米生长情况

处理	产量（kg/hm^2）	总生物量干重（kg/hm^2）	氮肥偏生产力（kg/kg）
控释专用肥	93 500	36 422	186.78
习惯施肥	89 000	27 528	117.14

示范田单位面积氮肥成本较习惯施肥有一定增加，但控释专用肥采用一次性施用因无追肥投入从而降低了肥料增加成本。在产量产值增加和投入降低的情况下，示范田的夏玉米种植净收入比习惯施肥增加 1 305 元/hm^2，增收比例高达 6.5％（表 4 - 20）。

表 4 - 20 2017 年房山阎村示范试验不同处理投入与收益

处理	产量 （kg/hm^2）	产值 （元/hm^2）	氮肥成本 （元/hm^2）	追肥投入 （元/hm^2）	净收入 （元/hm^2）
示范田	93 500	22 440	1 053	—	21 387
习惯	89 000	21 360	978	300	20 082

注：青贮玉米收购价格 240 元/t，尿素 2 000 元/t，包膜尿素 3 300 元/t，追肥人工投入 300 元/hm^2。

与习惯施肥相比，示范田各土层（除了 60～80 cm）硝态氮含量均显著降低，分别降低 28.98％、22.21％、4.72％、2.14％、16.46％。在 0～100 cm 土层内，示范田硝态氮残留总量（319.8 kg/hm^2）比习惯施肥硝态氮残留总量（372.8 kg/hm^2）降低 53 kg/hm^2，降低 14.2％（图 4 - 33）。

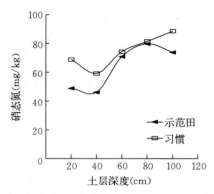

图 4 - 33　2017 年房山阎村示范试验 0～100 cm 土层硝态氮含量

四、2017 年房山二站示范

夏玉米控释专用肥示范设在北京市房山区窦店镇二站村。示范田土壤为壤土，前茬作物为冬小麦，土壤 pH 为 8.7，有机质为 1.5 g/kg，有效磷为 18.3 mg/kg，速效钾为 27.2 mg/kg。于 2017 年 6 月 28 日机带肥播种，9 月 29～30 日收获。

示范田所用夏玉米控释专用肥养分配比（N - P_2O_5 - K_2O）为 26 - 10 - 12，其中控释氮肥占 30%（以纯 N 计），习惯施肥基肥所用养分配比（N - P_2O_5 - K_2O）为 17 - 17 - 10，大喇叭口期追施尿素 300 kg/hm²。示范田与习惯施肥磷、钾肥用量相等，氮肥减量 10%，配成掺混肥料，种肥一次同播（表 4 - 21）。示范用春玉米品种为富友 9（青贮）。

表 4 - 21　2017 年房山二站示范试验不同处理施肥量

处理	面积 （hm²）	施肥方式	施氮量 （kg/hm²）	亩用量 （kg）
控释专用肥	20	种肥一次同播	216	40
习惯施肥	1.33	基施，大喇叭口期每亩追施尿素 20 kg	240	40

在减氮 10% 的条件下，示范田的夏玉米总生物产量较农民习惯施肥增加 10%，氮肥偏生产力提高 66.7 kg/kg（表 4 - 22）。

表 4 - 22　2017 年房山二站示范试验不同处理玉米生长情况

处理	平均产量（kg/hm²）	总生物量干重（kg/hm²）	氮肥偏生产力（kg/kg）
控释专用肥	104 000	39 035	180.7
习惯施肥	94 500	27 349	114

示范田单位面积氮肥成本较习惯施肥有一定增加，但采用一次性施用的控释专用肥因无追肥投入从而降低了肥料投入成本。在产量产值增加和投入降低的情况下，示范田的夏玉米种植净收入比习惯施肥增加 2 445 元/hm²，增收比例高达 11.1%（表 4 - 23）。

表 4 - 23　2017 年房山二站示范试验不同处理投入与收益

处理	产量 （kg/hm²）	产值 （元/hm²）	氮肥成本 （元/hm²）	追肥投入 （元/hm²）	净收入 （元/hm²）
控释专用肥	104 000	24 960	466.56	0	24 493
习惯施肥	94 500	22 680	432	200	22 048

注：青贮玉米收购价格 240 元/t，尿素 2 000 元/t，包膜尿素 3 300 元/t，追肥人工投入 200 元/hm²。

示范田每个土层（除 180～200 cm）硝态氮含量与习惯施肥相比分别降低了 35.55%、39.39%、19.51%、21.7%、26.15%、20.36% 和 24.42%。在 0～200 cm 土层内，示范田硝态氮残留总量（693.83 kg/hm²）比习惯施肥硝态氮残留总量（863.3 kg/hm²）降低 169.47 kg/hm²，降幅为 19.63%（图 4 - 34）。

从示范田与习惯施肥的结果来看，控释专用肥在降低氮素投入的情况下，增加了作物产量，提高了氮肥偏生产力，增加了净收入，而且降低了土壤中硝态氮的残留量。

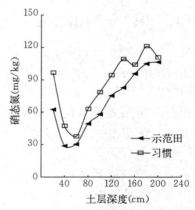

图 4 - 34　2017 年房山二站示范试验 0～200 cm 土层硝态氮含量

参考文献

付伟章，史衍玺，2013. 模拟降雨条件下肥料品种与施肥方式对氮素径流流失的影响 [J]. 水土保持学报，27（3）：14 - 17，58.

胡小康，黄彬香，苏芳，等，2011. 氮肥管理对夏玉米土壤 CH_4 和 N_2O 排放的影响 [J]. 中国科学：化学，41（1）：117 - 128.

刘奥博，吴其重，陈雅婷，等，2018. 北京市平原区裸露地风蚀扬尘排放量 [J]. 中国环境科学，38（2）：471 - 477.

石岳峰，张民，张志华，等，2009. 不同类型氮肥对夏玉米产量、氮肥利用率及土壤氮素表观盈亏的影响 [J]. 水土保持学报，12（6）：95 - 98.

孙乐乐，2019. 北京地区农田土壤风蚀扬尘防治的保护性耕作措施试验研究 [D]. 北京：北京林业大学.

王贺，2012. 华北平原砂质土壤夏玉米对肥料类型及施肥方法的响应研究 [D]. 北京：中国农业科学院.

许海涛，王成业，刘峰，等，2012. 缓控释肥对夏玉米创玉 198 主要生产性状及耕层土壤性状的影响 [J]. 河北农业科学，16 (10)：66-70.

张亦涛，刘宏斌，王洪媛，等，2016. 农田施氮对水质和氮素流失的影响 [J]. 生态学报，36 (20)：6664-6676.

赵斌，董树亭，王空军，等，2009. 控释肥对夏玉米产量及田间氨挥发和氮素利用率的影响 [J]. 应用生态学报，20 (11)：2678-2684.

赵贵哲，刘亚青，薛怀清，等，2007. 玉米专用高分子缓释肥的制备及肥效研究 [J]. 中北大学学报（自然科学版）(2)：138-142.

邹忠君，孙艳华，2011. 玉米一次性分层缓释施肥技术试验研究 [J]. 农学学报 (6)：6-9.

AMBROSANO E J，TRIVELIN P C O，CANTARELLA H，et al.，2011. 15N - labeled nitrogen from green manure and ammonium sulfate utilization by the sugarcane ratoon [J]. Scientia Agricola，68 (3)：361-368.

BAI Z H，MA W Q，MA L，et al.，2018. China's livestock transition：Driving forces，impacts，and consequences [J]. Science Advances，4 (7)：eaar8534.

BANERJEE B，PATHAK H，AGGARWAL P，2002. Effects of Dicyandiamide，farmyard manure and irrigation on crop yields and ammonia volatilization from an alluvial soil under a rice (*Oryza sativa* L.) - wheat (*Triticum aestivum* L.) cropping system [J]. Biology and Fertility of Soils，36 (3)：207-214.

BI J R，HUANG J P，SHI J S，et al.，2017. Measurement of scattering and absorp - tion properties of dust aerosol in a Gobi farmland region of north - western China - A potential anthropogenic influence [J]. Atmospheric Chemistry and Physics，17 (12)：7775-7792.

BOWEN H，MAUL J E，POFFENBARGER H，et al.，2018. Spatial patterns of microbial denitrification genes change in response to poultry litter placement and cover crop species in an agricultural soil [J]. Biology and Fertility of Soils，54 (1)：769-781.

BÜCHI L，CHARLES R，SCHNEIDER D，et al.，2016. Performance of eleven winter wheat varieties in a long term experiment on mineral nitrogen and organic fertilisation [J]. Field Crops Research，191：111-122.

CHADWICK D，WEI J，YAN，AN T，et al.，2015. Improving manure nutrient management towards sustainable agricultural intensification in China [J]. Agriculture，Ecosystems & Environment，209：34-36.

CLARK A，2007. Managing cover crops profitably [M]. 3rd edn. Beltsville：Sustainable Agriculture Network.

CLARK M J，ZHENG Y B，2013. Plant nutrition requirements for an installed sedum - vegetated green roof module system: effects of fertilizer rate and type on plant growth and leachate nutrient content [J]. HortScience, 48 (9): 1173 - 1180.

DINNES D L, KARLEN D L, JAYNES D B, et al. , 2002. Nitrogen management strategies to reduce nitrate leaching in tile - drained Midwestern soils [J]. Agronomy Journal, 94 (1): 153 - 171.

FARNESELLI M, TOSTI G, ONOFRI A, et al. , 2018. Effects of N sources and management strategies on crop growth, yield and potential N leaching in processing tomato [J]. European Journal of Agronomy, 98: 46 - 54.

GALLOWAY J N, ABER J D, ERISMAN J W, et al. , 2003. The nitrogen cascade [J]. Bioscience, 53: 341 - 356.

GALLOWAY J N, TOWNSEND A R, ERISMAN J W, et al. , 2008. Transformation of the nitrogen cycle: recent trends, questions, and potential solutions [J]. Science, 320: 889 - 892.

GENG J B, MA Q, ZHANG M, et al. , 2015. Synchronized relationships between nitrogen release of controlled release nitrogen fertilizers and nitrogen requirements of cotton [J]. Field Crops Research, 184: 9 - 16.

HUANG J, BRADLEY G R, XU C C, et al. , 2012. Cropping pattern modifications change water resource demands in the Beijing metropolitan area [J]. Journal of Integrative Agriculture, 11 (11): 1914 - 1923.

LI G H, ZhAO L P, ZHANG S X, et al. , 2011. Recovery and leaching of 15 N - labeled coated urea in a lysimeter system in the North China Plain [J]. Pedosphere, 21 (6): 763 - 772.

MISHIMA S I, TANIGUCHI S, KOHYAMA K, et al. , 2007. Relationship between nitrogen and phosphate surplus from agricultural production and river water quality in two types of production structure [J]. Soil Science and Plant Nutrition, 53 (3): 318 - 327.

OLESEN J E, HANSEN E M, ASKEGAARD M, et al. , 2006. The value of catch crops and organic manures for spring barley in organic arable farming [J]. Field Crop Research, 100 (2): 168 - 178.

PAN D, ZHOU G, ZHANG N, et al. , 2016. Farmers' preferences for livestock pollution control policy in China: a choice experiment method [J]. Journal of Cleaner Production, 131 (sep. 10): 572 - 582.

PAN G, ZHOU P, LI Z, et al. , 2009. Combined inorganic/organic fertilization enhances N efficiency and increases rice productivity through organic carbon accumulation in a rice paddy from the Tai Lake region, China [J]. Agriculture Ecosystems & Environment, 131 (3): 274 - 280.

RUFFO M L, BULLOCK D G, BOLLERO G A, 2004. Soybean yield as affected by biomass and nitrogen uptake of cereal rye in winter cover crop rotations [J]. Agronomy Journal, 96 (3): 800 - 805.

SAINJU U M, SENWO Z N, NYAKATAWA E Z, et al., 2008. Soil carbon and nitrogen sequestration as affected by long – term tillage, cropping systems, and nitrogen fertilizer sources [J]. Agriculture, Ecosystems & Environment, 127 (3): 234 – 240.

SÉRGIO A, ARAUJO F, TEIXEIRA G M, et al., 2005. Utilization of nitrogen by wheat grown in soil fertilized with green manure (Crotalaria juncea) and/or urea [J]. Ciência Rural, 35 (2): 284 – 289.

SONG H Q, ZHANG K S, PIAO S L, et al., 2016. Spatial and temporal variations of spring dust emissions in northern China over the last 30 years [J]. Atmospheric Environment, 126 (FEB.): 117 – 127.

TONITTO C, DAVID M B, DRINKWATER L E, 2006. Replacing bare fallows with cover crops in fertilizer – intensive cropping systems: A meta – analysis of crop yield and N dynamics [J]. Agriculture, Ecosystems & Environment, 112 (1): 58 – 72.

WANG X, LI X B, XIN L J, 2014. Impact of the shrinking winter wheat sown area on agricultural water consumption in the Hebei Plain [J]. Journal of Geographical ences, 24 (2): 313 – 330.

WEIL R, KREMEN A, 2007. Thinking across and beyond disciplines to make cover crops pay [J]. Journal of the Science of Food and Agriculture, 87 (4): 551 – 557.

XUE L, YU Y, YANG L, 2014. Maintaining yields and reducing nitrogen loss in rice – wheat rotation system in Taihu Lake region with proper fertilizer management [J]. Environmental Research Letters, 9 (11).

YANG Y, ZHANG M, LI Y C, et al., 2012. Controlled Release Urea Improved Nitrogen Use Efficiency, Activities of Leaf Enzymes, and Rice Yield [J]. Soil ence Society of America Journal, 76 (6): 2307 – 2317.

ZHANG C Z, LIU S, WU S, et al., 2019. Rebuilding the linkage between livestock and cropland to mitigate agricultural pollution in China [J]. Resources, Conservation and Recycling, 144: 65 – 73.

ZHOU M, ZHU B, BRÜGGEMANN N, et al., 2016. Sustaining crop productivity while reducing environmental nitrogen losses in the subtropical wheat-maize cropping systems: A comprehensive case study of nitrogen cycling and balance [J]. Agriculture, Ecosystems & Environment, 231: 1 – 14.

第五章

加强都市农业面源污染防控科技保障

　　都市农业发展中生产、生活、生态功能协调至关重要，农业面源污染防控必不可少，需要政策、投入、科技三方面综合发力，其中，科技支撑在污染防控中发挥着关键作用。我们的研究表明，要加强都市农业面源污染防控科技保障，做好常态化的调查监测与污染预警是基础，抓住菜地、果园面源污染防控是重点，持续搞好广大粮田面源污染防控是全局胜利的保障。面源污染防控中，要查明污染源头、过程和结果，坚持源头—过程—末端综合防治，有针对性地采用减源、替代、调控措施，把农田水污染、土壤污染、气体排放污染、农产品质量保障进行综合考虑，形成切实有效的防控技术体系，为都市农业绿色发展保驾护航。

第一节　建设并运行污染调查监测网与预警平台

　　搭建农田面源污染监测网络，建立时空动态数据库，以及构建预测预警模型系统平台，为农产品质量安全管理提供数据支持，为区域农田面源污染防治提供预案。从源头上优化农产品产地环境质量，减少风险投入和对环境的排放，为农产品质量安全提供了基础保障，具有重要的生态环境和社会效益。

　　通过搭建覆盖北京市农业区的调查监测网，获取各区各类种植模式的农田面积及肥料农药的施用量等农业生产基量数据，摸清本地区农田面源污染现状、变化趋势和影响因素；通过建立覆盖北京市主要地区和主要种植模式的农田面源污染监测网，获取北京市不同种植模式氮、磷等主要水污染物流失系数，并通过核算北京市种植业主要水污染物流失量，揭示种植业主要水污染物流失格局和影响因素，为北京市农业面源污染防控提供平台，为农业污染源普查提供数据支撑，为面源污染防治政策研究提供技术保障。

　　通过建立农业面源污染时空动态数据库，数据库包含北京市各种种植模式农田面源污染动态排放系数，不同种植模式硝态氮、铵态氮、总氮、可溶性总磷和总磷等农田面源污染物基础排放量、排放系数，为摸清农产品产地环境和产品质量提供数据支持，为北京市农业面源污染防控提供保障。

通过构建预测预警模型系统平台，在面源污染时空动态数据库的基础上，基于历年全国农田面源污染氮、磷排放强度，提出氮、磷排放强度等级，评价历年县域农田面源污染氮、磷排放风险，预测并评价北京市县域农业面源污染氮、磷排放状况；以农田面源污染文献资料和统计年限数据资料为时间序列，监测年内调查数据和监测数据并进行校准和验证，预测下一年农田面源污染氮、磷流失强度，评价农田污染氮、磷排放风险；基于面源污染监测网，筛选出面源污染最佳减排措施，并通过预警模型获得不同种植模式条件下各种减排措施的减排效果，集成应用农业面源污染防治减排体系，为农业面源污染防控提供数据支持，为北京市农产品安全生产、污染物监测与预测提供一种系统、成熟、便捷的样板。

下一步将继续加强农业面源污染调查监测网与预警平台的建设，一是继续开展面源污染田间监测，由于监测数据易受田间气候、病虫害等因素影响，存在试验误差，因此，继续开展面源污染田间监测，延长监测周期，消除试验过程中由环境和生物因素引起的试验数据误差；二是增加面源污染原位监测点位数量，在已有监测点的基础上，通过加密布点，完善监测网络建设，保证监测数据的代表性、长期性和稳定性；三是完善面源污染监测技术，探索自动连续监测技术；四是完善试验处理设置方案，由于试验中发现部分监测点的减肥和减肥节水处理存在减产现象，因此，在未来的工作中完善试验处理设置方案，保证作物产量；五是加强农业面源污染风险预警平台建设，农业面源污染风险预警平台依据农田面源污染调查数据和监测数据，数据影响因素较多，预警的科学性、准确性有待评价。

第二节　重点抓好菜田果园区域面源污染防治工作

针对以北京为中心的都市集约化菜田果园面源污染特点，通过氮磷、农药投入品新型环保产品及其生产工艺、配套装备研发，种植模式优化、过程调控高效施用技术研究，尾菜、果园废弃物无害资源化利用装备研制及其应用方案制定，提出菜田果园面源污染防治措施。

一、加强氮磷、农药新型环保投入品产业化开发与应用

在氮磷污染防控方面，一是强化新型高效肥料与配套装备的开发，二是构建精准肥料应用方案。根据"基于比例施肥器的精准施肥装备""一种碳基脲醛肥料及其制备方法"和"一种生物碳基缓释氮肥及其制备方法"专利技术，

以果菜（代表作物：番茄）、叶菜（代表作物：生菜）和果树（代表作物：桃树）为对象，形成氮、水协同源头投入减量高效利用技术，在保证产量稳定前提下，有效降低土壤剖面硝态氮，尤其是 40～60 cm 深层剖面土壤硝态氮累积，大大降低了氮淋失面源污染风险，也有助于提高农产品质量。

基于设施蔬菜定位监测数据，提出果菜（番茄、黄瓜等）、叶菜（芹菜、甘蓝等）和小叶菜（小白菜、小油菜等）有机肥源磷素投入阈值和有机肥减量投入方案。与常规施肥相比，有机肥投入量减少一半以上。菜田土壤剖面有效磷含量自上至下分别降低 25.6%、33.3% 和 27.5%，大大降低了磷素淋失面源污染风险。

总结以上研究成果，根据不同蔬菜和果树品种、不同生育时期养分需求规律，室内研发与田间试验相结合，开展技术产品和装备产业化参数研究，形成成熟的从生产、应用到效果评估配套技术体系，实现区域肥料的科学减量、利用率提高、土壤质量提升、降低氮磷流失污染负荷、农产品安全生产目标。

在化学农药污染防控方面，一是开发常规农药绿色替代产品，二是完善应用技术方案、实施综合防控。从土壤中分离、驯化、培养鉴定出枯草芽孢杆菌、胶冻样类芽孢杆菌、解淀粉芽孢杆菌四种微生物菌株，明确他们具有解磷、解钾、固氮能力，以及产酶能力和热稳定性、紫外稳定性、酸碱稳定性等酶学性质，获得微生物发酵过程各级培养基组成成分及配比，通过工业化生产得到微生物发酵系列参数，形成微生物液体发酵完整生产工艺和产品；通过喷雾干燥法处理发酵液，得到抗病菌粉生产过程各环节生产参数，形成抗病性菌粉标准化生产工艺和微生物菌剂产品。经抗病性效果验证，产品可有效防治黄瓜蔓枯病、枯萎病。提出蓟马、叶螨、灰霉病及梨木虱等果蔬主要病虫害科学选药技术，筛选出针对性病虫害防治高效低毒药剂，提出科学选药轮换用药技术方案，制定减药技术规程。

以区域不同蔬菜和果树品种病虫害发生规律为基础，筛选出新型低毒高效生物农药、抗病性微生物等生物物理绿色防控技术产品、配套药械及其使用技术。以全程病虫害绿色防控技术方案为基础，制定都市农业集约化蔬菜、果树生产病虫害综合防治技术方案，制定技术标准，建设氮磷、农药面源污染因子防控技术集成示范工程，以期实现化学农药减量、提高靶向利用率、降低农药残留率、减少农药流失污染负荷、提高农产品合格率目标。

二、加强氮、磷超累积土壤治理技术研发与应用

要以氮、磷累积释放和作物养分需求规律为依据，开展氮、磷超累积土壤调控技术研发，形成适于区域菜田、果园环境的障碍土壤质量提升技术产品，制定技术标准，建设集成示范工程，实现提高农田土壤残留氮、磷利用效率、

提升土壤质量、降低淋失流失风险、农产品高质量安全生产目标。已有研究结果为我们下一步深入治理和利用好氮、磷累积土壤打下了较好基础，主要的发现体现在以下几个方面：第一，有机无机配施配合生物调控剂施用，可有效降低高氮、磷含量和菜田土壤速效态含量。第二，深根系和浅根系蔬菜白菜/白萝卜、大葱/茄子间作及番茄与叶菜间套作种植可以充分利用不同深度土层氮、磷养分，在保证总体经济效益不降低情况下，表层和深层土壤硝态氮、有效磷含量明显降低，降低了土壤氮、磷过量累积淋失面源污染风险。第三，在北京延庆蔬菜生产基地效果验证结果，综合技术措施实施有效降低示范园区表层土壤中硝态氮及有效磷的含量 9.95％～85.40％，达到了阻控土壤氮、磷养分淋失和高效利用的效果。

三、加强尾菜及果园废弃物处理利用技术研发与应用

研制出尾菜消毒粉碎一体化装置，田间应用效果表明，直接还田可提高土壤养分含量，保证蔬菜安全生产和产量稳定，对环境无明显负面影响。以研发蔬菜尾菜原位无害化还田技术装备、尾菜与果园废弃物无害化堆肥技术工艺为基础，针对未来北京都市农业发展趋势，从小型化、大型化两个方向研发尾菜、果园废弃物原位安全还田技术装备，建设无害化综合利用生产线，实现废弃物无害资源化利用、农田清洁生产。

四、加强技术标准化和政策配套管理措施研究

加强菜田果园面源污染轻简防治技术规范化研究，形成地方性标准；加强菜田果园面源污染监测，为政府制定污染防治政策提供科学建议。发挥地方政府在菜田果园面源污染防控中协调沟通作用，以及地方农技推广部门在农业技术推广中引领示范作用，构建政产学研用面源污染一体化防治方案，促进区域蔬菜和果品持续健康生产，有效防控农业面源污染。

第三节　着力减少农田冬季裸露和夏季养分流失

冬春季以生态覆盖技术、夏秋季以春玉米肥水错位管理技术和春玉米控释肥一次性种肥同播技术为核心，注重轻简化、覆盖效果好、成本低，注重又不减产、环境效应、相关产品和施用装备配套，最终形成适合北京粮田主要种植模式的面源污染防治综合技术。

一、粮田的冬季生态覆盖技术

作物覆盖有利于减少冬季扬尘。覆盖作物种植还有一定程度的保水功能，

可降低土壤容重，还能提高土壤微生物活性和土壤酶活力。翻压覆盖作物后显著提高下一季玉米产量，降低土壤容重和土壤 pH，且提高了土壤养分。翻压覆盖作物能有效降低土壤铵态氮和硝态氮含量，且冬油菜—二月兰这两种覆盖作物均降低了硝态氮的淋溶。从全年来看，覆盖作物增加了 N_2O 排放量，但不影响玉米季的 NH_3 挥发量，可考虑在覆盖作物翻压替代部分化肥，有利于减少氮的气体排放。可见，覆盖作物替代裸地可以增加土壤中的氮存量，从而改变土壤肥力和养分循环。总体来看，覆盖作物的农学效应更为显著，能增加土壤有机碳存量、土壤微生物活性和农田的土壤肥力，且覆盖作物还可在为后续作物提供土壤肥力效益的同时，也能减少氮素盈余量进而降低氮损失。因此，在保持玉米产量的前提下，采用冬季覆盖作物与玉米减施化肥相结合，有利于减少氮素损失，其中毛叶苕子和冬油菜是适宜在华北平原种植的覆盖作物。

问卷调查结果表明，78.6%的农户最关心的问题是种植冬季覆盖作物能否带来经济收入的增加，其次是种植冬季覆盖作物是否能增加夏季作物产量。另外，种植覆盖作物是否有政府补贴与是否增加经济收入是限制农户最强烈的因素，分别占 83.9%和 75.0%。相应地，政府提供补贴和政府统一种植覆盖作物是推广覆盖作物的首要考虑措施，占调查农户数量的 81.6%。这些为政府和管理者制定鼓励和促进农户种植冬季覆盖作物的政策和措施提供依据。因此，采用大规模示范，为农户提供可视化的效果，有利于推动覆盖作物的推广，且政府提供补贴和政府统一种植覆盖作物是推广覆盖作物的政策保障。

二、玉米控释专用肥一次性种肥同播技术

针对北京地区夏玉米和春玉米生长期长短和积温差异，确定专用肥中控释肥释放期以 60 d（夏玉米）和 70 d（春玉米）为宜，玉米控释专用肥的适宜养分配比（$N-P_2O_5-K_2O$）分别为 26-10-12、26-12-14 和 24-10-10。玉米控释专用肥采用一次性施肥技术，即将专用肥通过种肥同播机同步施入玉米种子侧下方，满足玉米全生育期的养分需求。在延庆、顺义和房山等地进行了玉米控释专用肥种肥同播示范，结果表明，与习惯施肥相比，施用控释专用肥在减氮条件下增加了春玉米产量和氮肥偏生产力；在产量产值增加和投入降低的情况下，夏玉米种植净收入增加了 779~4 565 元/hm²，且控释专用肥降低了土壤硝态氮含量，硝酸盐淋洗损失降幅达 35.1%~56.6%。因此，本研究的玉米控释专用肥具有较好的肥料效应、经济效益和环境效益，具有良好的应用前景，在减少肥料用量的前提下实现玉米稳产高产、提高肥料利用率并降低氮素损失，为北京粮田面源污染防控提供技术保障。

三、雨养玉米肥水错位替代管理技术

与常规种植相比，高垄宽窄行种植、缓控释肥等均能保证玉米的产量。其中，与常规施肥和种植方式相比，缓控肥＋高垄宽窄行技术玉米产量增加幅度最大。高垄宽窄行技术和缓控释肥技术提高了氮肥利用率。缓控肥＋高垄宽窄行技术降低了 NH_3 挥发量，且高垄宽窄行技术比均行种植的 NH_3 挥发系数低，缓控肥比尿素的 NH_3 挥发系数低。与尿素和均行种植相比，尿素＋高垄宽窄行和缓控肥＋高垄宽窄行技术均降低了 N_2O 排放量，但对 CO_2 排放量无显著影响。总体来看，在华北平原，在玉米产量维持稳定条件下，与常规施肥、均行种植技术相比，高垄宽窄行、缓控肥等种植方式和施肥类型的改变降低了 NH_3 挥发系数和 N_2O 排放量。

在华北平原潮褐土壤中，在玉米产量维持稳定、土壤养分含量提高条件下，长期施用猪粪和鸡粪的半量替代降低了 NH_3 挥发量。鸡粪和猪粪的半量替代均降低了土壤硝态氮含量和总氮和硝态氮淋溶量。与常规施肥相比，鸡粪半量替代化肥显著增加了 51.9％的 N_2O 排放量，猪粪半量替代化肥则显著增加了 26.0％的 CO_2 排放量。总体来说，长期施用猪粪和鸡粪半量代替化氮肥可以减少 NH_3 排放量和氮淋溶量，然而 CO_2 和 N_2O 排放量有不变或增加趋势。由此可见，在保持作物产量和土壤肥力的基础上，用50％的猪粪和鸡粪代替化学氮肥，可以降低华北平原农田 NH_3 排放和氮淋溶量，但不能减缓农田 CO_2 和 N_2O 排放量。因此，本研究认为有机肥半量替代化肥氮，是在保证华北平原玉米产量的情况下降低活性氮排放，实现区域种养结合可持续发展的有效途径。研究为我国华北平原畜禽粪便合理资源化利用政策制定和化肥减施增效措施筛选提供了科学依据。

然而，高垄宽窄行＋缓控释肥技术增加了土壤硝态氮残留，在冬季降水/降雪较大时，土壤存留的硝态氮可能发生淋溶或径流，对地下水或地表水有污染风险。而冬季覆盖作物有吸收土壤养分、缓存水分、减少淋溶或径流发生的作用。因此，冬季冬油菜/毛叶苕子/二月兰覆盖—春玉米高垄宽窄行＋缓控释肥及有机替代集成种植技术，将有效解决冬季生态覆盖需求高而夏秋雨热同季、施肥粗放、肥药损失高、污染风险高等问题，对于解决首都粮田的面源污染具有重要作用。同时，形成的相关技术将具有经济可行性，通过形成技术标准，指导农业生产，可广泛用于北京粮田农业面源污染防治。此外，对于我国以春玉米种植为主其他区域的农业面源污染控制也具有示范效应及推广应用的可行性。

图书在版编目（CIP）数据

都市农业面源污染防控理论与实践 / 邹国元等著
. —北京：中国农业出版社，2020.12
　　ISBN 978 - 7 - 109 - 27528 - 7

　　Ⅰ.①都… Ⅱ.①邹… Ⅲ.①城市－农业污染源－面
源污染－污染防治－研究－中国 Ⅳ.①X501

中国版本图书馆 CIP 数据核字（2020）第 206879 号

中国农业出版社出版

地址：北京市朝阳区麦子店街 18 号楼
邮编：100125
责任编辑：魏兆猛 文字编辑：张田萌
版式设计：王　晨 责任校对：吴丽婷
印刷：北京中兴印刷有限公司
版次：2020 年 12 月第 1 版
印次：2020 年 12 月北京第 1 次印刷
发行：新华书店北京发行所
开本：700mm×1000mm 1/16
印张：14.25 插页：2
字数：265 千字
定价：80.00 元

农田面源污染地下淋溶监测点

农田面源污染地下淋溶田间监测

农业面源污染调查和监测系统填报页面

北京农业面源污染监测平台减排预警评价

菜田果园废弃物无害化发酵处理工艺流程

草莓病虫害生物绿色防控农药减量技术应用示范

高氮、磷菜田土壤蔬菜间套作修复技术模式1

高氮、磷菜田土壤蔬菜间套作修复技术模式2

抗病性微生物菌剂生产线

蔬菜病虫害绿色防控高效育苗效果图

蔬菜尾菜消毒粉碎一体化直接还田机

冬季覆盖作物的种植意愿研究

2017年春玉米种植前北京郊区冬季覆盖作物种植下土壤样品采集

2017年春玉米生长季不同施肥类型下农田氨挥发和温室气体样品采集

2017年玉米生长季不同种植方式、施肥方式下农田温室气体和氨挥发样品采集